日韓地域農業論への接近

坂下明彦・李 炳旿 編著

筑波書房

本書は一般社団法人　北海道地域農業研究所の助成を受けて出版するものである

はしがき——日韓シンポ二〇周年記念出版によせて

本書は、北海道と韓国江原道の農業経済研究者による現場からの日韓地域農業論である。

一九九〇年代になると、日本の農業経済学分野においても海外研究は飛躍的に増加を見せるが、それは北海道においても同様であった。その背景には、留学生の増加や研究費の潤沢化があった。ただし、北海道における研究スタイルはフィールドワークを主体としており、しかも同一地域に足繁く通う陣地戦を特徴としている。こうした姿勢は、海外調査や学術交流においても踏襲され、一九九三年に行われた韓国江原道での農村調査を契機として、両地域間の学術交流が開始された。以来陣地戦は二〇年間の長きにわたっており、その交流の場が日韓シンポである（記録参照）。

ちょうど、ＷＴＯ体制への移行期であり、シンポジウムは貿易自由化の影響の相互比較から始まり、議論は地域に立脚した新たな農業振興のあり方へと展開していった。現場からの立論は経済環境を与件とした防衛的なものに陥りがちであるが、その両義性を見据えながら、むしろ積極的に農業・農村改革をめざす議論が行われたといっていい。政策的影響もあるが、現場ではわれわれの予想を超える構造変動が始まっていたからである。

日韓シンポの主催団体である北海道農業研究会は、この間『北海道農業の地帯構成と構造変動』（二〇〇六年）に結実する共同調査研究を行っており、江原道農漁村研究所も定期的な研究会を続け、本書でも紹介する江原道独自の新農漁村建設運動の中心となってきた。両地域の農業構造は必ずしも類似的ではないが、兼業機会を持たない専業農業地帯としての共通性を有し、農村の新しい動きに共時性が感じられた。これらの動きを互いに整理・提起することが後半のシンポジウムの課題となった。

したがって、本書は農業構造をベースとした両地域の比較研究をめざすものではなく、二一世紀になり発現してきた様々な現象を内発的発展の視角から整理するものである。その意味で、本書は地域農業論への接近をめざすものであり、理論的整理を相互の地域農業に即して具体化することを目標としている。

本書は、領域ごとに四部構成をとり、これまでのシンポジウムの成果を踏まえて分担執筆を行っている。序章では、グローバル化の進行のなかで、地域の特性を活かした地域農業確立の意義が改めて提起されている。第1部ではグローバル化と地域農業の関わりを検討しており、特に韓米ＦＴＡとＴＰＰが地域農業へ与える影響および対応方向を整理している。第2部と第3部は、グローバル化の中での地域農業の展開方向と支援政策のあり方を議論している。第2部では農業経営主体に視点をおき、先進的な農業経営の取り組みと地域的支援策を、第3部では農村活性化にかかわる政策展開と先進的取り組みを取り上げている。第4部では歴史的視点から日韓に中国を含めた東アジアにおける農村開発の意義を論じている。終章では以上の議論を整理した上で、研究の方向性を示唆している。

今後は、グローバル化の問題を共有する中国の研究者とも協力関係を密にし、東アジアの地域農業の懸案事項の解決に取り組み、相互の農業発展に寄与することが課題となる。

編者を代表して
坂下明彦

坂下明彦・李炳旿編著『日韓地域農業論への接近』——目次

序　章　立地条件に適合した地域化とグローバル化への対応

河　瑞鉉

1　農業の地域化の必要性

今日の産業社会は目覚ましい変貌を遂げている。経済の成長と技術の発展に伴い、交通手段の拡大、コンピューターの利用拡大などは、われわれの生活の利便性を高めている。しかし、鉱物、化石燃料などの資源に依存し、大量生産・大量消費・大量廃棄という経済性、効率性のみを追求してきた文明は、地球規模での問題に遭遇している。資源の枯渇に対する不安感、先進国の経済成長の鈍化、人口の爆発的な増加、地球環境の悪化などがそれである。

このため、経済効率を優先する社会から自然との共生、生産と生活が持続する社会が求められている。人類が存続するためには、豊富な食糧とより良い自然環境の維持が必要であり、これは農業のある経済社会の構築に他ならない。

しかし、われわれを威嚇している重要な問題の一つは、化石燃料に依存した産業活動の結果としての気候変動問題である。科学者は、現在の地球の気候は化学作用によって潜在的な激変に直面しており、それが生態系を不安定化していると警告している。

このような環境の変化への憂慮とともに、現在の地球は予期せぬ異常気象の影響を受けている。二〇一二年には五〇年ぶりの干ばつのため、世界最大の穀物生産国であるアメリカで穀物生産量が減少し、世界的な食糧価格高騰をもたらした。さらに、世界的に穀物需要が高まっている。

特に経済成長とともに消費水準が高まり、食生活の欧米化が進行する中国では食肉需要と家畜飼料の需要が急増し、小麦、トウモロコシの輸入国になっている。また、アメリカは二〇〇五年から原油価格の上昇に備え、トウモロコシの生産量の約四〇%をエタノール燃料の生産に使用するなど、農産物の非食糧需要を増加させている。さらに、国際金融市場の不安定化により資金が投機的に穀物市場に流れ、価格上昇に拍車をかけている。以上のような要因は、人類が存続するための豊富な食糧の供給と良好な環境の維持を困難にしている。

一九九五年に発足した世界貿易機関（WTO）の下での多国間貿易交渉ドーハラウンド、最近展開しているFTA交渉などは、韓国の農家、農業、農村に大きな打撃を与えている。韓国農業は農業労働力の高齢化、営農規模拡大の困難さなどから競争力を低下させている。このような農業の状況と国際化・市場開放による安価な外国産農産物の輸入拡大は、韓国の農産物の価格競争力を低下させ、韓国農業を脅かしている。

より憂慮されるのは、人口増加、食糧生産の減少と消費増大により、世界的には食糧供給が不足するなかでも、主要農産物輸出国では農産物の非食糧消費を拡大させており、農産物の不足をより深刻にさせていることである。

韓国と日本のような農産物輸入国は、食糧の安定供給のために国が安全保障の立場から国内農業を保護・育成すべきであると指摘されている。そのためには、自国の資源を有効に活用して、自立した営農基盤を作り上げなければならない。

つまり、地域の特徴を活かした地域農業の確立が求められている。その方策への接近として立地論がある。立地論とは、経済主体が経済的な目的を達成するために有利な場所を探す行動であるが、特定の場所の特性をどのように経済行為に結実させるかという課題を内包している。

農業の場合にも、新たな候補地を自由に比較検討して営農を始める場合もあるが、一般的には既に営農している場所で農業経営形態を選択する場合が多い。その場合、生産要素を最も有効に活用して最大の利益を上げるためには、立地条件に合う有利な作物を選択しなければならない。農業立地論が作物選択、つまり基幹作物の選択という特性を持っているのはこのためである。したがって、自立した農業の成立には、立地条件に合う基幹作物の選択、さらに創意性と専門性の発揮が必要である。

専門化時代の農家は、地域の気候風土や社会経済的条件などを勘案して、最も適した品目、可能であれば高級農産物を選定すべきなのである。単一品目を選択して、国内のみならず国際的にも競争力のある農産物を生産できれば、その地域の農家は自由化の波を恐れる理由はない。先進的な農業を行っている農家は、世界市場により多くの農産物を輸出するために自由貿易を望むかも知れない。

つまり、時代の変化に対応して意識を変化させ、創造性を向上させる新しい精神で武装すれば、困難を乗り越えられるだろう。第一に、地域で多数の農家が同じ品目を生産するよりは、個々の農家が特殊な作物を専門的に生産する方が競争力のある農産物として、安定的で高い収入を確保できる。第二に、消費者の好みに合う最高の農産物を生産する条件を備えなければならない。意図した品質の農産物を生産する方法を学ぶ必要がある。自立意志のある農家は、一度失敗したとしても挫けてはならない。個々の農家は、自分の知識と努力が限界に達した時には控けないで、指導・普及機関や大学などに問い合わせて学ぶ姿勢が大事である。

農業が競争力を持ち、持続的に成長するためには、学術と試験研究の成果はもちろん、政府の支援等のすべてが重要な要素となる。学術と試験研究の成果はすぐに現場に応用されるべきであり、政策も重要な役割を果たさなければならない。農家は産・学・官・研の協議会からのサポートと支援を積極的に受け入れなければならない。

農業の与件は複雑で多数存在しており、一つを短期間に解決したとしても、全てを解決することはできない。以下では、激変する環境のなかで自立する農業を確立し、グローバル化に対応できる方策の一つとして、農業の地域化について考察してみる。

2 地域農業の目的と課題

韓国と日本は、いくつかの特殊な問題を除いては、国際貿易秩序改革への対応策や、農業の自立のための地域農業の展開において類似している。ここでは、韓国の地域農業を中心に考察する。

二〇〇一年一一月にWTO加盟一四四カ国の閣僚宣言採択と同時に、二一世紀の世界貿易秩序のための多国間交渉ドーハラウンドが開始された。一九九〇年代末の財政危機によって、韓国農村は米価の下落と穀物累積在庫問題など、多くの難題を抱えるようになった。この状況にドーハラウンド開始、農産物市場の大幅な開放と農業補助金の削減、さらに中国のWTO加盟が加わり、韓国の農政は窮地に追い込まれ、新たなパラダイムが求められるようになった。

それまでの韓国農政は、中央政府が策定する画一的なガイドラインの下で競争力の向上に重点を置き、支援は競争力のある地域と経営体に集中していた。しかし、この政策は地域間格差をより深刻化させる逆効果をもたらした。そのため、地域条件に合う農政を展開し、市場開放に対応した自立農業を育成するという趣旨の下で、地域の自然的、経済的、社会的条件を最適化することが地域農政の目標となり、その最適化プロセスを企画、遂行することが地域農政の課題となった。

地方自治制度を実施して以来、各レベルの地方自治体は、地域農業の発展のための施策を提示し、推進してきた。しかし、WTOルール、ドーハラウンド、FTA、そして国内農産物価格の不安定性などの要因のため、地方自治体の能力に限界が生じている。地域農業の発展に困難をもたらすこうした要因を解決するための対策が切実に求められている。

(1) 地域農政の実態と課題

一九九〇年代以降、韓国農政は中央政府主導から地方自治体中心の実施へと変わってきた。しかし、地域農政のほとんどは中央政府の政策事業の執行、あるいは中央政府の農政計画を部分的に修正、または踏襲する地域農業計画の樹立・実行を内容とした。

地域農政が独自性を持たない理由の一つは、財政的な制約と束縛である。中央農政が多くの事業を作り補助金を支給すると、各自治体はその事業予算の獲得競争に熱中した。中央の補助金に依存する自治体財政の脆弱性は解消されず、ほとんどの場合に中央の補助金で地方の経費を負担する形を取ったことから、自治体財政の隷属性は深化し、さらに地域農業を悪化させる面も有した。

第二は、地域農政の推進体制の後進性である。農政の中心が中央から地方に変わったことは、地域農政への住民参加が可能になった点で重要な意味を持つ。しかし、実際には地域の農政計画の推進において、農業者や議会の影響力は微小であり、ほとんどは自治体のトップが絶対的な決定権を持ち、担当職員が支配的な役割を果たしている。また、地域農政は、地方自治体が中心となるが、地域内の農業関連機関に役割が分散しているため、いかに地域内の組織の力量を結集させるかが課題となっている。

地域農政が事業中心主義、物量中心主義に偏り、様々な弊害をもたらした点も看過できない問題である。地方自治体は財政収入の拡大と事業量の拡大に執着し、利害関係者たちは、このような自治体の姿勢に便乗して、地域資源の保全と管理、環境の保護と保全にマイナスの影響を与えているのが実情である。

ここに指摘した問題のほとんどは、中央政府と地方自治体が相互協力と譲歩によって補完関係を維持すれば、ある程度解決が可能な問題である。近年、中央農政と地方自治体は互いに多様な努力を重ねながら、地域農政を徐々に定着させている。

(2) 地域農政の推進方向

1 政策パラダイムの転換

韓国の農漁業・農漁村は持続可能性からみて、多くの構造的な問題を抱えている。

まず、環境的側面から見ると、生産性向上のみを継続して強調してきた結果、より多くの生産要素を投入することになり、結果的に環境汚染をもたらした。また、経済的な側面から見れば、農業の競争力が脆弱なため、収益の持続的な創出に限界があり、農業部門は停滞現象を見せている。そして、社会的な側面からみれば、都市と農漁村との生活格差が農漁村の空洞化をもたらし、農漁村の地域社会は都市より一層遅れをみせている。

表序・1　農業パラダイムの転換

	農漁業→農漁業+関連産業+生命産業 農漁村→地域+景観+環境
政府の役割	市場の設計／介入者→市場機能の促進者+市場失敗の補完者
支援対象	生産者中心→生産者+消費者+未来世代 （所得安定）（健康・安定）（環境保全）
技術革新	生産性の向上→生産性+安定性+緑の技術+生命産業関連技術

資料：農漁業先進化委員会『農漁業・農漁村ビジョン2020』2010年

近年、政府はこのような現象を克服するために、持続可能なパラダイムへの転換を図った。消費者と市場のニーズに対応しながら、国土の環境保全を実行し、効率性、公平性、環境性といった循環構造の形成が可能であるとした「農漁業・農漁村ビジョン二〇二〇」がそれである（**表序・1**）。

ビジョン二〇二〇では、農林水産業の国内外の動向と未来像の変化に対応して、成長産業としての農業の育成、健康な消費者の育成、空間としての農漁村が主要な政策理念として登場している。地域農業も中央政府のパラダイム転換にもとづいて、地域の条件に合うビジョンを提示する必要がある。

②　地域農政の推進方向

韓国の農業・農村のパラダイム変化は、中央農政の変化だけを要求しているわけではない。最近、地域農政が自律的かつ効果的に役割を果たせば、農業・農村は発展するという認識の広がりもあり、地域農政の役割はさらに重視されている。パラダイムの急変の中で、その変化に地域農政が対応するためには、様々な努力が必要である。

農村社会では、生活環境の大幅な改善が求められるが、これは社会間接資本が十分に供給されなければならないことを意味している。国民の最低限の生活という観点から、農村や都市のいずれで生活していても享受できる、最小限の生活条件を用意することが公共部門の役割である。それには、生活空間としての農村地域の後進性を克服する画期的な財政支出が必要となる。公共サービスを提供する農村福祉政策と社会間接資本を供給する農村地域開発政策の二つの側面で、地域農政の目標は明らかになる。これにより、どうすれば地域が主導的な役割を果たし、長期的な発展目標を設定、推進できるのかについても明白になる。

次に、農業開発と経済活動の多様化のための具体的なアプローチが必要である。持続可能な農村開発には一定規模以上の人口維持が必要である。また、農村に対する国民のニーズは安価な食糧の供給から多面的機能へと転化する傾向にあり、農業開発は環境に配慮した高品質な農産物の生産に方向転換しなければならない。しかし、農業は重要な産業ではあるが、農業だけでは地域経済を維持できない。農村の経済活動の多様化には、農家の多角化だけではなく、非農業の経済活動の多角化・活性化も行わなければならない。

農村地域の経済活動の多様化と関連して、農産物の加工、マーケティング、起業、伝統産業の維持、農村観光の活性化などが重要である。最近議論されている地域農業クラスターが実質的な成果を生み出すためには、地域との全方位的な関わりが必要であることも、このような脈絡から再度強調されなければならない。

また、農村環境と景観の回復と保全が必要である。農村が単なる生産空間としてではなく、レジャーや憩いの場としての役割を果たすために、農村の環境と景観を回復し、保全することが喫緊の課題である。その中には、地域の野生動物、伝統的建築物、文学、芸術、祭り、食文化、無形の伝統文化遺産の保全なども含まれなければならない。また、環境や景観などのアメニティ資源は、農村地域住民の生活の質の向上と農村開発とに結びつける必要がある。

地域発展のための近年の重要なキーワードとしてガバナンス、ネットワーク、グローカリゼーション、住民参加、地域力強化などがあげられる。このような新しいパラダイムの中で、地域農政の重要性を認識し、自律的な姿勢で農業・農村に効果的な努力をしなければならない。このための地域農政の限界を中央農政が補完、補充することで、地域農政をさらに発展させることができるだろう。

次に、地域内の農業主体は、市場に適応した農業戦略の枠組みの中で、有機的に統合された分業体制を構築しなければならない。生産中心から顧客ニーズ中心に変化させ、農業主体が統合された能力を発揮できるように、戦略的重点を市場指向的なものに再編させる必要があるだろう。最後に地域農政の主体は、絶え間ない自己革新に努めなければならない。

地域農政推進の課題を地域の実態からみると、自治体首長の独善、行政の旧態と慣習的支援、議会の無意味な牽制、理論中心の責任のない学界、農協の地域農業の主体としての役割の不十分さ、依存中心の生産者意識など数多い。したがって、正しい地域農政の推進のためには、参加主体全ての継続的自己革新が要求される。地域農政の成功によって、農村社会が活性化されるためには、次のような課題が解決されなければならない。

第一に、地域住民の積極的な参加と組織化である。これは、住民の参加を前提としたボトムアップ型の課題接近である。農村開発への着手から実行までに、住民がどれだけ主体的に参加しているかが重要である。受動的な参加では、地域の潜在力を地域活性化の機動力に高められないからである。優秀な地域に一般的にみられるのは、有能な地域のリーダーを中心に住民がよく組織化されているという点である。

地域資源の最適活用の面でも必ず地域主体の参加が必要である。地域農業・農村の現状からの転換には、地域の有形・無形の資源がベースになる。最大の地域資源は人的資源であり、歴史、文化などの地域資源も人的資源として継承される。人的資源の最適な活用という意味で、地域住民の参加が前提とされていることが地域発展に有効である。このような観点からみると、現場責任者と国内外の専門家とのネットワークは、地域発展の大きな資産である。地域の潜在的資源を発掘し、商品に活用するプロセスにおいては、農政の現場責任者こそがその潜在的な資源について誰よりも熟知する専門家だからである。

第二に、参加主体の革新力量の強化である。地域の革新力量を強化するためには、様々な地域資源を結ぶ無形の関係、つまり社会関係資本の蓄積が重要である。地域の社会間接資本や資金には限界があり、地域の革新力量は強化できない。社会関係資本の蓄積によって、継続的な革新と学習が可能となり、共同で課題を解決できるようになる。

地域力量の対象には地域住民、そして彼らをサポートする機関も含まれる。特に重要なのは、個人の力量の強化ではなく、集団的力量の強化である。これは集団的力量の強化が主体間の相乗効果だけではなく、地域の正の外部効果をもたらすからである。重要な求心力となる地域リーダーと住民のイノベーション能力を強化するには、多くの時間が必要とされる。そのため、継続的かつ体系的な推進のために、これを担当する機関を設立し、計画的に対応する必要がある。

第三に、地域農業・農政ビジョンの提示である。中央政府の農漁業ビジョン二〇二〇と農林水産業を取り巻く国内外の動向、さらに将来の状況などを鑑みると、成長産業としての農業の育成、健康な消費者の育成、空間としての農村・漁村が主な政策理念として登場してくる。したがって、地域農業・農村がこのような中央政府の政策の方向に積極的に対応するためには、地域レベルでの農漁業・農漁村ビジョン二〇二〇の提示が必要である。

農漁業者の育成のためには、人的資源の拡充と専門性の向上を通じ、所得や経営の安定を図ることができる方策を用意しなければならない。また、産業として農漁業には、グリーン成長をリードする環境にやさしい農業の推進、その地域を代表する農水産物生産、それらの特性評価・差別化の提示とともに、消費者を生産現場に近づけるためのコミュニケーションが必要である。

3　おわりに

二一世紀は食糧危機と地球環境がなによりも深刻な問題になると予測されており、パラダイムの転換が迫られている。人類が存続するには、豊富な食糧とより良い環境の維持が求められ、それは農業のある経済社会の構築である。

最近、異常気象で農産物の生産量が減少する一方で、農産物消費の増加は絶対的な食糧不足を招き、多くの国々が食糧難に直面しており、食糧の安全保障の必要性がさらに大きくなっているのが実情である。さらに、ドーハラウンド、ＦＴＡ交渉などが農家に大きな不安を与える中で、規模の零細性、農業労働の高齢化、規模拡大の難しさなどから、農業の競争力は低下している。

このような国内外の環境変化の中で、農業の自立のための対応策を考察してみると次の通りである。地域の農村環境と立地条件に見合う地域農業の推進で、農産物の高級化、専門化が行われれば、安定的な農業所得が期待される。また、地域の自然環境の保全と文化的遺産を活用して農村観光が活性化されれば、農家の所得が増大し、農村生活が活性化すると思われる。

他方で、過去四〇年間の開発過程で疎外されてきた農漁業に希望が見えはじめている。一〇年後には、零細な高齢農漁業者がほとんど引退し、先端化、大型化された農業への転換が期待されている。中国、インドなどの新興経済大国の農産物の需要増加により、農産物の価格は持続的に上昇し、これに誘発されて、ＩＴとバイオ技術を融合させた農業製品と伝統農産物の開発が活発になると見込まれている。農業が高付加価値を創出し、輸出産業になる可能性を専門家は指摘している。こうした農業の自立への展望を実現させるには、地域農業とその推進体制の根幹からの変化が必要になると思われる。

以上のような地域農業発展につながる要因を合理的に推進し、成功を納めるためには、主体の力量強化が重要である。つまり有能な農漁業者の育成である。人的資源の拡充と専門性の向上のために、主体の認識の転換、投資の拡大、積極的な政策支援が求められている。

さらに、急激に進展する地球環境の変化と経済環境の変化、そしてグローバル化により効率的に対応するためには、自国の特殊な条件と自国内だけの情報にもとづく代替案の樹立では限界がある。農産物の輸入と輸出に敏感に影響を及ぼす周辺の国々と情報を交換しながら、合理的な対策を樹立することが必要なのである。

第1部　ＦＴＡ・ＴＰＰと日韓地域農業

第１部では韓米ＦＴＡとＴＰＰを対象に、現在のグローバル化の潮流であるＦＴＡ・ＥＰＡの地域農業への影響と対応方向が論じられる。

第１章は韓国における対米ＦＴＡの地域農業への影響と対応策である。既に対米ＦＴＡが発効した韓国では、国際的、国内的な競争力強化を図るしか地域農業を維持するすべはない。中央政府の支援を地域農業の競争力強化に結びつけるために、輸出促進、人材養成、新たな付加価値創出のための研究開発への財政投資が提言される。

第２章は、対米ＦＴＡが締結されていない日本、特に北海道にとっては、ＴＰＰ回避こそが地域農業存続の条件であることを明らかにしている。北海道ではＴＰＰに参加国からの輸入品との差別化が困難な原料農畜産物の比重が高く、農業生産額は半減、関連産業を含めた地域経済は大きな打撃を受けると予測される。ここに農業団体だけなく経済団体、消費者団体、さらに官学を含めたオール北海道のＴＰＰ反対運動の根拠がある。

第1章　韓米FTA締結にともなう江原道農業の長期戦略

金　鍾燮・姜　鍾原

1　はじめに

韓国は二〇〇四年四月の韓チリ自由貿易協定（FTA）発効以後、継続してFTAを進めてきた。二〇〇六年三月のシンガポール、同年九月のヨーロッパ自由連合（EFTA）、二〇一一年七月のアセアンおよびEU、同年八月のペルー、そして二〇一二年三月の米国と、FTAが相次いで発効している。

その中でも、韓米FTAは、韓国農業崩壊の危機と言われるほど、国内農業に甚大な影響を及ぼすと懸念された。二〇〇七年六月の当初交渉妥結の際、韓国農村経済研究院は韓米FTAは発効後一五年間、韓国農業に年平均六、六九八億ウォンの生産減少をもたらすと推計した（注1）。江原道の農業生産減少額は一五年間平均で、年間二九一億ウォンから三二六億ウォンになると推定される（注2）。一方、韓米FTAの当初交渉妥結から二〇一一年二月の追加交渉署名までの間に、多様なFTA対策が推進され、江原道の農林畜水産業（以下、農業と略す）の環境も大きく変化した。

表1·1　江原道の主要農産物生産現況（2009）

（単位：千トン、%）

品目	生産量	全国シェア	99年対比増減率	品目	生産量	全国シェア	99年対比増減率
米穀	209.6	4.3	-4.7	野菜	593.5	7.4	-11.9
雑穀	33.7	38.3	-22.0	キュウリ	40.3	11.4	0.1
トウモロコシ	32	41.6	-21.5	カボチャ	52.0	15.2	119.6
モロコシ	0.7	25.7	129.6	トマト	43.1	11.2	150.5
そば	0.4	18.7	-70.8	ハクサイ	307.9	12.2	-28.5
豆類	16.7	10.8	30.2	（うち高冷地）	180.8	85.6	-37.8
小豆	1.1	19.9	-56.6	キャベツ	68.2	21.4	86.1
その他豆類	14.9	10.7	60.5	トウガラシ	44.1	12.6	131.1
イモ類	181.2	19.2	-27.6	特用作物	5.2	9.9	39.9
バレイショ	171.2	29.0	-29.6	エゴマ	4.6	16.1	58.0
（うち高冷地）	114.6	99.0	-25.2	果物	21.6	0.8	16.5

資料：統計庁

本章では、こうした経緯を踏まえ、韓米FTAの締結にともなう江原道の農業部門に対する影響を分析し、長期的な対応策を展望する。

2　江原道における農業の現況

江原道の農家人口は一九万二千人で、江原道総人口一五四万四千人の一二・四%を占めており、農家数七万二千戸は全世帯六三万九千戸の一一・三%を占める。耕地面積は一一万一千ヘクタールで、田が四万三千ヘクタールで三九%、畑が六万七千ヘクタールで六一%を占め、畑作中心の農業構造を有する地域である。

江原道内の主要農産物の生産状況は**表1・1**に示されている。高冷地バレイショ（全国シェア九九・〇%）、高冷地ハクサイ（同八五・六%）は、ほとんどが江原道で生産されている。トウモロコシ（同四一・六%）、バレイショ（同二九%）、モロコシ（同二五・七%）、キャベツ（同二一・四%）などの畑作物も、全国シェアが高く、江原道の地域特産品である。米穀と果実などの作物は生産シェアが低く、典型的な畑作中心の農業構造であることがわかる。

表1·2　江原道の家畜飼育頭数

（単位：千頭・羽、%）

区分		韓牛[2]	乳牛	豚	鶏
2000		116	24	259	4,459
		〈6.7〉	〈4.5〉	〈4.4〉	〈4.3〉
2005		133	19	416	4,815
		〈7.5〉	〈3.9〉	〈4.7〉	〈3.9〉
2010		226	17	439	4,810
		〈7.9〉	〈3.9〉	〈4.5〉	〈3.2〉
増減率[3]	2001～05	4.5	-4.7	3	1.7
	2006～10	11.3	-2.4	1.1	0.0

注：1）年度別の期間平均値である。
2）韓牛と乳牛雄牛の合計で韓牛が絶対多数（2009年基準98.4%）。
3）年平均。
4）〈　〉は全国対比江原地域の比重である。

作物別の全国シェアの変化を対一九九九年比の増減率でみると、モロコシは一二九・六%、豆が六〇・五%、カボチャ一一九・六%、トマト一五〇・五%、キャベツ八六・一%、トウガラシ一三一・一%、エゴマ五八%、果実一六・五%と増加している。一方、伝統作物である米穀、イモ類、トウモロコシ、高冷地ダイコン、ハクサイは減少傾向をみせている。自給食料生産を含む伝統作物中心の農業生産から、商品作物・施設栽培作物などの高所得作物生産へと農業生産構造は変化している。

表1・2は、江原道の家畜飼養頭羽数の推移を示している。韓牛は二〇〇〇年の一一万六千頭（全国の六・七%）から二〇〇五年の一三万三千頭（同七・五%）、二〇一〇年の二二万六千頭（同七・九%）へと、最近五年間で飼養頭数が急激に増加している。一方、乳牛は二〇〇一～二〇〇五年に年平均で四・七%の減少、二〇〇六～二〇一〇年にも年平均二・四%の減少と、減少傾向にある。豚と鶏は二〇〇五年以降、一定水準を維持している。畜産業は飼育頭数や経営規模などの量的側面では劣勢であるが、韓牛の一等級出荷率が八五%と全国平均七八%を上回り、清浄高級肉生産とあわせ品質面では比較優位が高いと評価されている。

表 1·3　農業部門の就業者数比率の変化

（単位：%）

区分		1990	1995	2000	2005	2010
全国	農林漁業	17.9	11.8	10.6	7.9	6.6
	製造業	27.2	23.6	20.3	18.1	16.9
	建設業	7.4	9.4	7.5	7.9	7.4
江原道	農林漁業	33.0	23.1	19.9	16.4	12.4
	製造業	10.6	11.9	8.8	6.6	6.1
	建設業	5.9	10.9	9.7	8.8	8.5

資料：統計庁

表 1·4　農家人口および農家数の増減率

（単位：%）

区分	1970-1980	1980-1990	1990-2000	2000-2009
全国	-24.9(-13.2)	-38.5(-18.0)	-39.5(-21.7)	-22.7(-13.6)
江原道	-25.6(-17.0)	-39.3(-18.9)	-39.4(-23.1)	-16.0(-2.2)

注：(　) は農家数増減率
資料：統計庁

しかし、二〇一〇年末に発生した口蹄疫により、韓牛は約八・五%、豚は八五・二%が埋設処理され、飼育頭数および家畜価格が急激に変化した。さらにFTAや国際穀物価格の変動など対外環境が変化しており、内外に発生した新しい環境への適応を迫られている。

農業部門への就業者率を**表1・3**でみると、一九九〇年は全国の一七・九%に対し江原道は三三%であり、全国よりも高い水準にあった。二〇一〇年には全国六・六%、江原道は一二・四%と、依然として農業部門の就業者割合は全国平均よりも高いが、全国と同様に江原道でも急激な減少がみられる。

農家人口、農家数の増減率を**表1・4**でみると、江原道の農家人口および農家数は、一九七〇〜八〇年、一九八〇〜九〇年、一九九〇〜二〇〇〇年の三期間には全国と同じペースで減少した。しかし、二〇〇〇〜〇九年の期間には、全国では農家人口が二二・七%、農家数が一三・六%減少したが、江原道の農家人口減少率は全国のほぼ三分の二の一六・〇%の減少に、農家数はわずか二・二%の減少にとどまった。他の地域に比べると、近年の農家人口減少は相対的にゆるやかである。

表 1･5　農家人口高齢化率

（単位：%）

区分	1970	1980	1990	2000	2009
全国	4.9	6.7	11.5	21.7	34.2
江原道	4.3	6.5	11.6	21.9	33.1

資料：統計庁

表 1･6　江原道農業 GRDP の成長率

（単位：%）

期間	江原道	他の 9 道の平均	全国平均
1991-95	3.9	4.0	3.8
96-2000	1.4	1.3	1.3
2001-05	0.1	0.4	-0.1
2006-09	5.0	3.3	3.2

注：1）農林漁業基準
　　2）2006 年基準の実質成長率
資料：統計庁

とはいえ、農村人口の高齢化が大きな問題になっている。農家人口の高齢化率の推移を**表1・5**でみると、二〇〇〇年までは全国とほぼ同じ高齢化率であるが、二〇〇九年には江原道は三三・一%で、全国の三四・二%、他九道平均の三四・六%に比べて一ポイント程度低くなった。しかし、全般的に農村地域の高齢化の進行が急であることは否めない。

農業部門のGRDP比率は年々減少している。江原道の農業部門のGRDP成長率は**表1・6**にみるように、二〇〇〇年代前半までは他の九道より低かった。二〇〇六〜二〇〇九年の四年間をみると、全国平均の三・二%、他九道平均三・三%に対し、江原道は五・〇%で、近年は他地域よりも急成長している。

その結果、江原道の農家所得は増加傾向にある。**図1・1**は全国と江原道の農家一戸当たり年所得を示している。全国平均では二〇〇六年に三二・三百万ウォンへと増加をみせたが、その後は減少しており、二〇〇九年には三〇・八百万ウォンの水準にある。江原道では二〇〇五年は全国平均を下回る二六・五百万ウォンであった。その後漸次増加して、二〇〇八年には全国平均を上回り、二〇〇九年には三四・一百万ウォンに達している。これは江原道

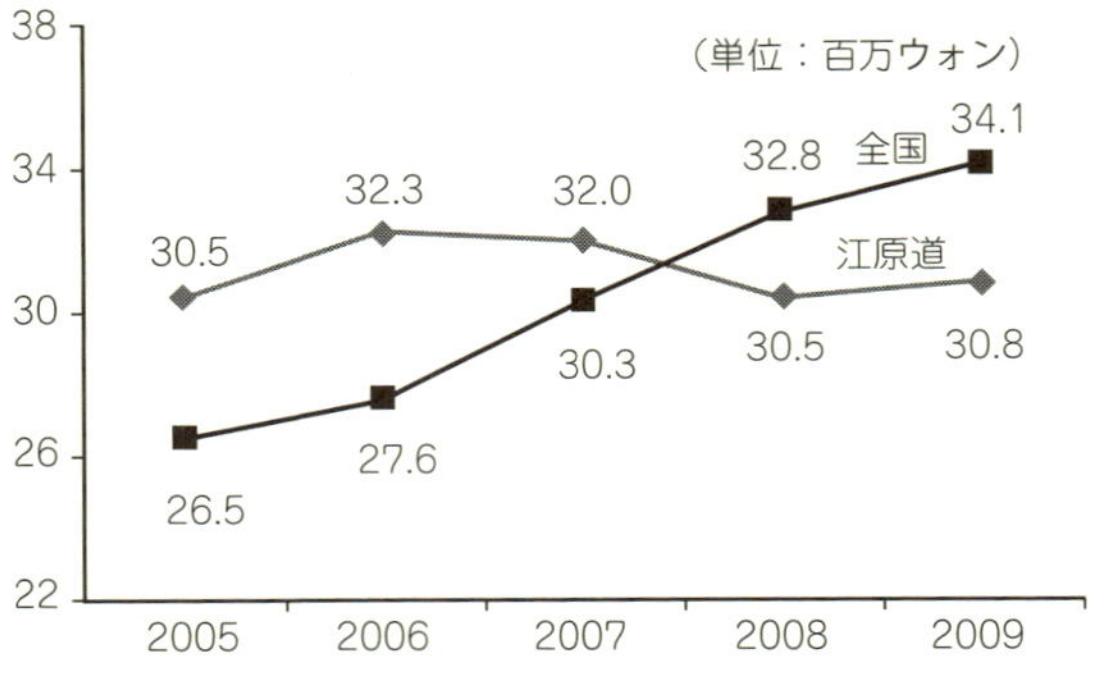

資料：統計庁

図1･1　農家一戸当たり年平均所得

がこれまで推進してきた競争力強化策の成果とみることができる。

3　韓米ＦＴＡ締結による農業への影響

(1) 韓米ＦＴＡの交渉締結内容

紆余曲折を経て締結された韓米ＦＴＡ交渉の重要分野は穀物であった。韓国は交渉初期から、最重要品目のコメは交渉対象としない立場を明確にし、米国も韓国の立場を受け入れた。その結果、コメ関連一六品目は市場開放しないことで決着した。次いで、センシティブに扱われた品目は大豆だった。韓国の大豆市場は、加工用（搾油用、醤油類用、加工食品用）と家庭用に大きく区分される。国産大豆は主に家庭用であり、加工用は輸入に依存している。交渉の結果、搾油・大豆粕用および醤油用大豆は直ちに関税を撤廃、家庭用大豆は現行関税を維持するものの、無関税枠を初年に一万トン、二年目二万トン、三年目二万五千トンとし、以後毎年三％ずつ増枠することになった。

バレイショの場合は、食用バレイショはコードを分離して現行関税を維持するものの、無関税枠を三千トンから始め、毎年三％ずつ増加することになった。その他チップ用バレイショは季節関税を五月から一一月まで適用するが八年目に撤廃、一二月から四月までの関税は直ちに撤廃することになった。バレイショでん粉の関税は一〇年目に撤廃、それまでの履行期間中は無関税枠を当初の五千トンから年三％ずつ増やし、無関税枠を発動基準物量としてセーフガード（ＡＳＧ：Agricultural Safe Guard）が適用される。トウモロコシの関税は七年後に撤廃し、履行期間中の無関税枠提供とＡＳＧ適用で決着した。

次に、果実分野では交渉時に市場が開放されている品目が植物検疫と関連づけられ、市場が開放されていなかった品目より敏感に扱われた。代表的な市場開放品目はオレンジとブドウで、リンゴと梨が非市場開放品目の代表的な品目となる。ブドウは出荷期の五月から一〇月一五日までは関税撤廃まで一七年かけ、非出荷期である一〇月一六日から四月までの関税は二四％から段階的に引き下げ五年目に撤廃することになった。リンゴは韓国の重要分野への関心と米国の輸出機会とを同時に考慮し、品種別に区分する方式を採った。主要品種であるフジ系の関税撤廃は二〇年後、ＡＳＧ適用期間は二三年、その他品種は関税撤廃、ＡＳＧ適用期間ともに一〇年となった。梨も東洋系は二〇年、その他の梨は一〇年で関税撤廃と、リンゴ同様の方式で妥結した。その他果実では、さくらんぼは直ちに、桃と甘柿は一〇年、キウィは一五年で関税を撤廃することになった。果菜類の関税撤廃は、トマト（生鮮および冷蔵）は七年、イチゴ（草本類）は九年、木イチゴ（ベリー類）は一二年、冷凍イチゴは五年と決定した。

野菜および特用作物では、トウガラシ、ニンニク、玉ネギ、ショウガなど主な薬味野菜の関税撤廃期間は一五年、ＡＳＧは一八年間適用と決定された。高麗人参については、水参および白参、紅参などの中核七品目の関税撤廃期間は一八年、ＡＳＧは二〇年間適用となり、高麗人参加工品（紅参分、紅参エキス、紅参タブレットなど）の多くは、関税撤廃期間一五年とＡＳＧ一八年間適用が決まった。その他の野菜では、キュウリ、ナス、カボチャなどは関税を直ちに撤廃し、スイカとメロン（マクワウリ含む）は一二年で撤廃することにした。

畜産部門については、交渉初期において牛肉関税の一五年後の撤廃と、履行期間中のＡＳＧ適用が決まった。豚肉は冷蔵肉と冷凍肉の関税撤廃期間が分けられた。ばら肉とカルビなどの冷蔵肉は関税を一〇年間で撤廃し、この履行期間中はＡＳＧを適用する。冷凍肉および冷蔵肉の一部（胴体と二分胴体、前後の足）、食用舌肉、加工品などは二〇一四年一月に関税を撤廃することが決まった。ただし、ネック部位は追加協議過程で、二〇一四年ではなく二〇一六年一月までに五段階で関税を撤廃することになった。

鶏肉は部位別に若干差があり、丸鶏（冷凍その他を除外）およびむね肉と手羽の冷凍肉は一二年間で、冷蔵肉と冷凍肉（足、その他切断肉）および加工品など多くの鶏肉は一〇年間で関税を撤廃することになった。

（２）韓米ＦＴＡによる農水畜産生産減少額の見通し

米国は穀物、肉類、果実、野菜など、多くの分野で世界第一位の農業国である。韓国の産業分野の中で、農水畜産業が韓米ＦＴＡの打撃を最も大きく受けるという点については異論の余地はないが、影響は全品目で同じではない。品目ごとの両国間の農業構造と競争力の差、現行の貿易障壁水準およびＦＴＡ妥結による自由化プロセスの違い、対応能力など多様で複合的な要因によってＦＴＡの影響は異なって現れる。

したがって、地域レベルで韓米ＦＴＡによる農業の経済的被害を最小限にとどめる方策を探るためには、地域農業の生産縮小が引き起こす多様な波及効果を考察しなければならない。そのためには、第一にＦＴＡ発効にともなう農業の生産減少額を推定する必要がある。

韓米ＦＴＡ締結にともなう生産減少額は、韓国農村経済研究院の総量モデル（ＫＡＳＭＯ　二〇〇八）を利用して算出できる。モデルは韓米ＦＴＡが発効されなかった状態が持続すると仮定した基準推計値（baseline）と、政策変化後の推計値を算出し、両者の差をＦＴＡなどの政策変化の影響とした。モデルは品目別に輸入品と国産品の代替効果、米国とその他の国家間の輸入代替効果を反映している。しかし、果実および果菜類などの検疫による輸入制限措置は考慮せず、加工食品は推定に反映されていない。この全国生産減少額推計結果が**表１・７**である。表では品目別に、ＦＴＡ発効後の五年後ごとの結果と期間平均、発効後一五年間の平均と合計の三区分で生産減少推計額を示している。

江原道の農業部門の直接生産減少額は、品目別に江原道の生産量または飼育頭数の国内シェアを算出した後、韓国全体の農業生産減少推定額にこれを乗じて推計する。国内シェアの算出においては、農産品は作況による年度ごとの生産量の変動が大きいため、単年度の国内シェアを用いると作況によるバイアスが生じる可能性がある。この点を考慮して、利用可能な長期時系列データの平均値を用いる。具体的には、二〇〇〇～二〇一〇年までの、品目別生産量データから算出した国内シェアの平均値を利用するが、変動性の大きさを勘案して最大値と最小値に基づく推計も行った。この最小減少額と最大減少額の推計結果を示したのが**表１・８**である。

この結果によると、予想される韓米ＦＴＡ締結にともなう直接生産減少額は年平均が二七七～三九二億ウォンであり、一五年合計では四、一六一～五、八八七億ウォンに達する。品目別には畜産が年平均で二一五～二八三億ウォン、一五年間合計で三、二一九～四、二四〇億ウォンの減少が生じ、被害が最も大きいと推定される。畜種別では、牛肉が年平均一二三～一四九億ウォン、一五年間合計で一、八三八～二、二四一億ウォン、豚肉が年平均四九～七八億ウォン、一五年間合計で七三六～一、一七三億ウォンの生産減少額となっている。野菜および特用

表 1·7　韓・米 FTA 発効にともなう主な農業部門の品目別生産額減少の推定結果（全国）

（単位：億ウォン）

区分		年間			平均			15 年	15 年
		5 年目	10 年目	15 年目	1〜5 年目	6〜10 年目	11〜15 年目	平均	合計
穀物	麦	11	23	45	7	18	35	20	295
	豆類	164	177	202	118	171	191	160	2,399
	その他	31	49	49	21	46	49	38	576
	小計	206	249	295	146	234	274	218	3,270
野菜・特用作物	ニンニク	31	38	53	31	35	46	37	560
	玉ネギ	24	49	106	19	37	79	45	674
	トウガラシ	111	145	158	98	133	156	129	1,934
	果菜類	372	412	412	263	395	412	357	5,348
	人参	25	42	57	20	35	51	35	531
	その他	45	56	68	41	52	63	52	781
	小計	608	742	853	472	686	808	655	9,828
果樹	リンゴ	599	672	760	484	636	732	617	9,260
	梨	396	454	498	293	437	480	403	6,052
	ブドウ	439	585	731	326	526	673	508	7,625
	ミカン	665	730	730	461	727	730	639	9,589
	モモ	150	221	221	122	191	221	178	2,671
	その他	66	72	72	51	71	72	64	965
	小計	2,314	2,735	3,012	1,737	2,586	2,909	2,411	36,162
畜産	牛肉	1,040	2,563	4,438	594	1,836	3,577	2,002	30,036
	豚肉	1,640	2,065	2,065	1,008	1,803	2,065	1,625	24,378
	鶏肉	589	1,087	1,087	389	836	1,087	770	11,557
	乳製品	297	430	430	259	372	430	354	5,306
	その他	91	143	173	64	116	163	114	1,716
	小計	3,656	6,187	8,193	2,314	4,963	7,322	4,366	72,993
総計		6,785	9,912	12,354	4,668	8,470	11,312	8,150	122,252

資料：対外政策研究院他 10 機関「韓·米 FTA の経済的効果分析」『国会韓・米 FTA 特委報告資料』2007 年 4 月

表 1·8　韓·米 FTA 発効にともなう江原道の主な品目別生産額減少の推定結果（最小、最大）

（単位：億ウォン）

区分		年間			平均			15 年平均	15 年合計
		5 年目	10 年目	15 年目	1～5 年目	6～10 年目	11～15 年目		
穀物	麦	0.03～0.05	0.06～0.11	0.13～0.22	0.02～0.03	0.05～0.09	0.1～0.17	0.06～0.10	0.83～1.42
	豆類	13.9～17.8	15.0～19.2	17.1～22.0	9.98～12.83	14.47～18.59	16.16～20.76	13.5～17.4	203.0～260.8
	その他	6.1～8.7	9.6～13.8	9.6～13.8	4.12～5.9	9.02～12.92	9.6～13.76	7.4～10.7	112.9～161.8
	小計	20.0～26.6	24.7～33.1	26.8～36.0	14.12～18.76	23.54～31.6	25.86～34.69	21.5～28.2	324.2～424.0
野菜・特用作物	ニンニク	0.2～0.3	0.2～0.4	0.3～0.6	0.19～0.33	0.22～0.38	0.29～0.50	0.2～0.4	3.5～6.0
	玉ネギ	0.01～0.5	0.03～1.1	0.1～2.4	0.01～0.43	0.02～0.83	0.05～1.78	0.03～1.0	0.4～15.2
	トウガラシ	5.0～14.0	6.6～18.2	7.2～19.9	4.45～12.33	6.04～16.73	7.08～19.62	5.9～16.2	87.8～243.3
	果菜類	17.1～26.3	19.0～29.2	19.0～29.2	～18.62	18.21～27.97	18.99～29.17	16.5～25.3	246.5～378.6
	人参	1.0～2.2	1.7～3.8	2.3～5.1	0.82～1.79	1.44～3.14	2.1～4.57	1.4～3.1	21.9～47.6
	その他	3.9～4.9	4.8～6.1	5.8～7.4	3.51～4.46	～5.65	5.4～6.85	4.5～5.7	66.9～84.9
	小計	27.2～48.2	32.3～58.8	34.7～64.6	21.1～37.96	30.39～54.70	33.91～62.49	28.5～51.7	427.0～775.6
果樹	リンゴ	1.6～4.9	1.8～5.5	2.1～6.2	1.31～3.97	1.72～5.22	1.98～6.00	1.7～5.1	25.0～75.9
	梨	2.7～6.7	3.1～7.6	3.4～8.4	1.99～4.92	2.97～7.34	3.26～8.06	2.7～6.8	41.2～101.7
	ブドウ	1.8～7.8	2.5～10.4	3.1～12.9	1.37～5.77	2.21～9.31	2.83～11.91	2.1～9.0	32.0～135.0
	モモ	5.0～7.1	7.4～10.4	7.4～10.4	4.07～5.76	6.38～9.02	7.38～10.43	5.9～8.4	89.2～126.1
	その他	0.2～0.6	0.3～0.6	0.3～0.6	0.19～0.44	0.26～0.62	0.27～0.63	0.2～0.6	3.6～8.4
	小計	11.3～27.1	15.1～34.5	16.3～38.5	8.93～20.86	13.54～31.51	15.72～37.03	12.6～29.9	191.0～447.10
畜産	牛肉	63.6～77.6	156.9～191.2	271.6～331.1	36.35～44.31	112.36～136.97	218.91～266.84	122.5～149.3	1,838.2～2,240.7
	豚肉	49.5～78.9	62.4～99.3	62.4～99.3	30.44～48.48	54.45～86.72	62.36～99.33	49.1～78.2	736.2～1,172.6
	鶏肉	18.0～25.4	33.3～46.8	33.3～46.8	11.9～16.77	25.58～36.03	33.26～46.85	23.6～33.2	353.6～498.1
	乳製品	11.5～12.8	16.7～18.6	16.7～18.6	10.05～11.19	14.43～16.07	16.68～18.58	13.7～15.3	205.9～229.2
	その他	4.5～5.3	7.1～8.3	8.6～10.1	3.18～3.72	5.77～6.74	8.10～9.47	5.7～6.6	85.3～99.7
	小計	147.1～200.0	276.4～364.2	392.6～505.9	91.92～124.47	212.59～282.53	339.31～441.07	214.6～282.6	3,219.2～4,240.3
総計		205.6～301.9	348.5～490.6	470.4～645.0	136.07～202.05	280.06～400.34	414.80～575.28	277.2～392.4	4,161.4～5,887.0

資料：姜鍾原他「FTA 締結にともなう江原道農水産業の対応方案—韓米 FTA を中心に—」『研究報告』12 巻 6 号、江原発展研究院、2012 年 4 月

作物は年平均二九～五二億ウォン、一五年間合計で四二七～七七六億ウォンの減少が発生する。また、穀物は年平均二二～二八億ウォン、一五年間合計で三二四～四二四億ウォン、果樹は一五年間合計で一九一～四四七億ウォンの減少と推計された。

平均直接生産減少額は年平均で三三二億ウォン、一五年合計で四、九七七億ウォンに達すると推計される。年平均減少額は二〇一〇年の農業部門総生産額の二・一%、一五年合計の減少額は三一・九%に達する。最も被害が大きい畜産業の生産減少額は、年平均二四〇億ウォン、一五年合計で三、六〇一億ウォン、穀物、野菜・特用作物および果樹などの一般農業の生産減少額は年平均八六億ウォン、一五年間合計で一、二九八億ウォンと予想される。

この農業部門の直接生産減少額が誘発する間接生産減少額は年平均三四五～四八九億ウォン、一五年間合計では五、一七一～七、三三三億ウォンに達すると推計される。間接生産減少額は農業内部で年間三〇三～四三〇億ウォン、一五年合計では四、五四六～六、四四七億ウォンと最も大きく、その他サービス業で年間一九～二六億ウォン、一五年間で二七九～三九六億ウォンの減少が発生すると推計された。

直接生産減少額と間接生産減少額を合算した総生産減少額は、年平均で六二六～八八八億ウォン、一五年間合計で九、三九三～一兆三、三二〇億ウォン、平均減少額は年平均で七三七億ウォン、一五年間で一兆一、〇七三億ウォンである。

4　江原道における農業の長期戦略

(1) 作物再編および品目別戦略の樹立

農業において競争優位を確保するためには、他製品に比べた差別化が必要である。したがって、市場開放に積極的に対処して農業を維持発展させるためには、江原道で生産される全品目の品質差別化戦略を用意しなければならない。

まず全品目の競争力を分析して、競争力が高い品目と競争力は低いが成長可能性または競争可能性がある品目を区分し、それぞれに応じた対策を講じる必要がある。競争力が低い作物は他の作物に転換し、競争力が低いが可能性がある品目には競争力向上のための方策を用意する。競争力が高い品目は、戦略作物として品質・価格・流通などの差別化戦略の推進により集中育成しなければならない。

また、地域ごとに品目別の共同生産、共同選別、共同出荷、共同計算、等級化・標準化等の実施を通じて、品質競争力を確保する。このためには、地域ごとに品目別組織を一元化して規模の経済を実現しなければならない。江原道においては、同一市郡内でも地理的に組織化が難しい点があるが、競争力を確保するためには地域別、品目別に単一組織化が要求される。

究極的にはこの圧力を克服しチャンスに転化する方策として、輸出農業の集中育成が必要となるだろう。日本の輸入農産物市場で占有率一位の韓国農産物にはユリ・バラ・キュウリ・ナス・トウガラシ・ピーマン・パプリカ・スイカ・梨などがある。このような品目の集中育成のための技術集約的・体系的な接近が必要である。輸出品目の拡大、輸出多角化のための努力として、輸出団地の造成、輸出品目生産のための人材育成および法的・制度的支援などの集中的な育成策、江原道産農産物輸出のための海外マーケティングをより積極的に展開しなければならない。

(2) 農村事業の集中的投資および都市住民の移住促進

農産物市場開放、農産物価格下落、高齢化などで、農村地域の空洞化現象は深刻化しており、農村社会の復興のために体系的な農村社会政策を積極的に進める必要がある。新農漁村建設運動など、農村の活性化のための農村関連事業を持続的に推進すると同時に、政府が推進する一般農山漁村開発事業などを積極的に誘致し、農村の空洞化を防止しなければならない。そのためには、財政・産業誘致・福祉など総合的な農漁村発展対策が用意されなければならない。

農村空洞化防止と農村地域活性化には、何よりも農村住民数の増加が必要である。しかし、現実的には農村地域への短期間での人口流入は難しい状況にある。農村地域への誘致政策を持続して展開しなければならないだろう。

二〇一一年に都市地域から農漁村(邑・面地域)に帰農・帰村した世帯・人員は一万五〇三世帯、二万三、四一五人で、二〇一〇年より一五八%も増加した。年齢別では五〇歳代が三三・七%、四〇歳代が二五・五%を占めており、四〇~五〇歳代のベビーブーム世代が帰農・帰村の中核となっている。

このうち、江原道に移住した世帯が最も多く二、一六七世帯を数え、次いで全羅南道一、八〇二世帯、慶尚南道一、七六〇世帯、慶尚北道一、六五五世帯の順であった。農村への移住形態には、地域特性により違いがみられる。

農業条件が良い全羅南道の場合は調査世帯の八四・四％が農業従事のために移住した帰農者で、首都圏に近接し田園生活条件が良い江原道では帰村者が多い。

二〇一一年の江原道への帰農は六一八世帯、帰村が一、五四九世帯であった。帰農・帰村世帯人口は三、四六四人で、世帯当たり一・六人である。市郡別には、帰農は寧越郡が一〇一世帯、横城郡が七〇世帯、平昌郡が六五世帯、洪川郡が五四世帯の順であり、帰村は寧越郡が三七四世帯、洪川郡が二五三世帯、江陵市が二一五世帯、襄陽郡が一七七世帯の順となっている。年齢別では五〇歳代が三四・二％、四〇歳代が二一・三％で、やはりベビーブーム世代が多く、営農が可能な六〇歳未満は七三・〇％であった。

江原道ではこのような傾向を踏まえて、ベビーブーマー世代の都市住民を誘致する政策を積極的に展開して、農村社会の活性化をはかるべきだろう。その際に、生産可能人口の移住誘致が今後、江原道の農漁村活性化の一助になる。彼らの社会・職業経験を農業・農村の発展に結びつけて、地域活力を高めるシステムを構築しなければならない。

（3）農業・農村の構造調整を通じた競争力向上

農村の高齢化などによって、農業の構造調整は自ずと進行するであろうが、対策を用意する必要もある。まず、農業者に関しては、競争力ある精鋭農業者、潜在力を持つ農業者、農業以外への職業転換などが必要な農業者などに区分して政策を樹立する必要がある。

競争力ある農業者と専業農業者を中心とする精鋭農業者には、政策的・制度的・資金的・技術的な支援を集中し、国際競争力を保持し江原道農業を導く存在に育成しなければならない。そのためには、経営規模拡大による経営構造改善が必要である。引退農家、耕作放棄農家、破産申請農家などの農地を積極的に購入または借り入れて、耕作できる支援システムの構築と、経営委譲時の譲渡所得税減免などの制度的な支援措置が用意されなければならない。

競争力は精鋭農業者よりも低いが、生産技術をある程度備えている潜在力ある農業者は精鋭農業者または複合農業者に育成する必要がある。そのためには、精鋭農業者に育成するための体系的な教育と政策の支援、生産者組織化を通した競争力向上および中・小規模農業地域での特産物生産、労働集約的な親環境農業・有機農業・精密農業への誘導とそのための技術教育強化、グリーンツーリズム・都農交流事業・村内企業などの村単位の事業推進、などの支援を積極的に進めなければならない。

また、零細農業者、高齢農業者は経営能力がないので農業経営委譲を誘導し、農村に居住しながらの他産業への転換あるいは引退を誘導しなければならない。そのためには、彼らに対する所得保障のために農村福祉対策強化に加えて、特産物加工などの村内企業の活性化方策を講じる必要がある。

(4) 江原道の特性を生かす選択的・集中的支援を通じた競争力向上

FTAによる農業の被害は韓米FTAよりも、今後展開する韓中FTAの方がさらに深刻と予測される。それを見据えると、韓米FTAへの短期的、品目中心の処方箋にとどまることなく、競争力向上のための全方位的な多様な支援と対策を樹立しなければならないであろう。

まず、農業者の自助努力を通じての市場競争力確保が必要である。農業者自らが市場の論理に適応し、消費者ニーズを満たす農産物を生産して利潤を追求しなければならない。消費のトレンドを把握し、新しいアイディアを捜すことも求められるため、関連する支援強化が必要である。

また、危機をチャンスに転換させる農業・農村の競争力向上の方策を用意しなければならない。韓米FTAを一つの契機として農業と農村の現実を正しく分析し、江原道の特性を活用して江原道の農業と農業者を存続可能たらしめる競争力ある部門を積極的に発掘・育成する必要がある。競争可能性がある農業部門・農業者に対して支援を集中して、江原道農業の中核になるようにしなければならない。財政支援は無分別な支援ではなく、発展または競争可能性がある部門・農業者に選択的・集中的に行われなければならないであろう。

(5) 江原道の特産品・地域ブランドの育成

江原道および市・郡の行政と農協だけではなく、農業者もともに協力して特産品開発、地域ブランド形成をはかり、国内市場だけでなく世界市場で競争できる方策を模索しなければならない。食品の安全性、鮮度保持など品質面での競争力向上による特産品の開発が求められている。特産品・ブランドを育成するためには、道内で生産される優秀な特産物を江原道知事が認証する特産品ブランドの認証制度の導入と、ブランドの広報が必要である。

(6) 農産物の差別的・体系的なマーケティング活動

また、清浄農産物として知名度のある江原道産農産物であることを強調する広報・マーケティング活動が必要である。江原道農産物の特長を地域別・時期別にストーリー性を付与して広報・マーケティングする戦略である。江原道の農産物の顧客に対するオンライン・オフラインでのDM発送や、時期別・地域別の江原道の農産物に関する購買情報および料理レシピ本の発刊なども並行して行われなければならないだろう。

また、消費者を対象別にターゲットとする江原道産農業特産物の広報・マーケティング活動を行うことも考慮する必要がある。高齢者、勤労者、学生、アトピー患者、女性、子供などの消費者層ごとに、ニーズに適した効能を持つ江原道の農業特産物を分類し、関連商品と情報を積極的に広報するマーケティング・システムを構築しなければならない。

そして、積極的な差別化マーケティング戦略の樹立が必要であり、そのために前述の江原道の地域ブランドや特産品化の推進が用意されなければならない。また安全な特産物を安心して消費できるトレーサビリティシステムの拡大、特産品化のための生産農家の組織化・系列化の推進、病気および病害虫から安全で安心して消費できる点を強調する感性消費対応型のマーケティングが必要である。

(7) 畜産物の価格・品質・安全性競争力の強化

畜産業では価格競争力向上のために、生産コスト削減と品種改良を先行しなければならない(注3)。米国産牛肉と江原道産牛肉の価格差を縮減するためには、低価格で優良な素牛を道内に供給できる素牛生産・供給体系を構築しなければならない。品質面での競争力向上のためには、江原道産の韓牛一等級出荷率および規格豚の合格率を継続的に高めていかなければならないだろう。

また、近年のBSE、口蹄疫、鳥インフルエンザなどの発生により、消費者の安全な畜産物への関心が急増している。江原道農業の特性である清浄性を活かした安全な畜産物生産のために、HACCPの全畜産物への導入と拡大を推進しなければならない。また、親環境(環境調和型)畜産と有機畜産の積極的な推進を通じて、差別化畜産物および安全な畜産物を生産するために、親環境畜産・有機畜産に対する直接支払い制度の積極的な導入および拡大が必要である。

（8）農林水産食品の輸出支援事業の積極的活用と推進

農林水産食品部が講じている生産、物流、マーケティングなどの農林水産食品輸出支援策を積極的に活用する必要がある。生産では高品質生産、安定供給のための支援に加え、輸出先導組織の育成、輸出有望品目の育成、輸出農産物共同ブランドの管理運営、輸出安全性の管理、輸出専門人材の育成、園芸専門生産団地の造成などへの支援がある。物流支援では輸出物流費の支援、輸出資金の支援、輸出海外前進基地構築事業による支援、海外物流基盤構築事業による支援、疾病等保険および農林水産輸出保険加入への支援などの事業があり、現地市場への進出拡大のための海外マーケティング支援には国際博覧会参加支援、海外販促行事支援、輸出協議会活性化支援、海外広報マーケティング支援、海外バイヤーとの取引斡旋、海外市場情報インフラ構築などの支援事業もある。農水産物流通公社を中心として、このように多様な支援事業が行われており、江原道の農特産品の輸出促進にこれら事業をより積極的に活用しなければならない。

5　おわりに

二〇一二年三月一五日に韓米FTAが発効した。韓米FTAは韓国農業に崩壊をもたらすほどの甚大な影響を及ぼすと想定されている。江原道の農林畜水産業への韓米FTAの影響を最小にとどめるためには、江原道の農林畜水産業の現実を正確に診断し、競争力強化策を至急に用意して推進しなければならない。

ＦＴＡは江原道だけでなく韓国全体の農業に困難を与え、国内の地域間競争を促進することになるだろう。したがって、江原道の農林畜水産業の持続と発展には、国際競争力の確保だけでなく、国内農林畜水産物との競争で優位性を確保しなければならない。それには、積極的な輸出戦略構築、優秀な人材の養成、研究開発投資などのインフラ事業による付加価値創出などのための果敢な財政的投資が求められる。

本章で提案した対応策は、江原道の農業、農村、農業者を保護するために進むべき方向の提示である。現状に重点をおいた短期的、臨機応変的な対策ではなく、将来に軸足を置き、今後の江原道の農林水畜産業が進むべき未来を設計する代案を提示したつもりである。われわれを含む江原道が一体となった参加のもとでこのプランが実行に移される時、その成果は最大化されるであろう。

【付記】本稿は、江原発展研究院における二〇一一年度の研究課題「ＦＴＡ締結にともなう江原道農水産業の対応方策―韓米ＦＴＡを中心に―」をもとに、執筆したものである。

注

（1）対外政策研究院他［二〇〇七］による。
（2）姜錘原［二〇〇七ａ］による。
（3）韓牛自助金管理委員会［二〇〇六］により修正補完した。

【参考文献】

（1）江原道『韓米ＦＴＡ交渉妥結にともなう江原道農業競争力向上の対策研究』二〇〇七

(2)姜鍾原「韓米FTA締結が江原道の農業に及ぼす影響と対応方策」『政策ブリーフ』第12号、江原発展研究院、二〇〇七a
(3)姜鍾原「韓米FTA締結が江原道の水産業に及ぼす影響と対応方策」『政策ブリーフ』第19号、江原発展研究院、二〇〇七b
(4)姜鍾原・黄キュソン・金チュンゼ「韓米FTAと江原道の農林畜水産業」『政策メモ』第134号、二〇一二
(5)姜鍾原・黄キュソン・金チュンゼ「FTA締結にともなう江原道農水産業の対応方策―韓米FTAを中心に―」『研究報告』12巻6号、江原発展研究院、二〇一二
(6)国立水産科学院東海水産研究所『東海岸海藻長造成研究(I)』二〇〇六
(7)企画財政部『韓米FTA経済的効果再分析』二〇一一
(8)金ソクチュン・金インジュン「危機の畜産　バイオセキュリティ産業で新しい希望を開く」『政策メモ』第32号、二〇一一
(9)金インジュン・金チュンゼ・李ボンヒ「水産業パラダイムの変化と江原道」『政策メモ』第126号、二〇一二
(10)金ジョンス「江原道の木材―主木登録で価値を高めよう」『政策メモ』第29号、二〇一一
(11)金ジョンス・李ヨンジュ「江原道山菜の変身と山村の所得強化」『政策メモ』第78号、二〇一一
(12)金チュンゼ「江原道の水産養殖業の現況と発展方向」『研究報告』11巻29号、江原発展研究院、二〇一一
(13)農林水産食品部『二〇二〇年種子産業育成対策』二〇〇九
(14)対外経済政策研究院他『韓EU　FTAの経済的効果分析』二〇一〇
(15)対外経済政策研究院他『韓米FTAの経済的効果分析』国会韓米FTA特別委員会報告資料、二〇〇七
(16)朴サンヨン・金ソクチュン・金インジュン「江原道の高原地帯とアンチエイジング快適産業」『政策メモ』第96号、二〇一一
(17)外交通商部『韓EU　FTA詳細説明資料』二〇一〇
(18)李榮吉・姜鍾原「ポスト口蹄疫に他の江原道畜産業の対応方案」『政策メモ』11巻10号、二〇一一
(19)林ジョンス「原油・飼料・肥料価格暴騰をどのように解決するか」『農漁業回復のための国会議員討論会』発表資

料、二〇〇八

(20)池ギョンベ・李榮吉「食の安全と農産物適正価格収受　代案としてのローカルフード」『政策メモ』第129号、二〇一二

(21)池ギョンベ・李榮吉「韓米FTA　農漁業分野の影響と課題」『KREI農政フォーカス』第4号、二〇一一

(22)韓牛自助金管理委員会『韓米FTA協定が韓国牛肉産業に及ぼす波及影響と対応戦略』二〇〇六

第2章　ＴＰＰと北海道農業

東山寛・入江千晴・黒河功

1　ＴＰＰ交渉の現状

ＴＰＰ（Trans-Pacific Partnership Agreement）は、一一カ国で交渉中の地域ＦＴＡである。参加国は、アメリカ、カナダ、オーストラリア、メキシコ、マレーシア、シンガポール、チリ、ペルー、ニュージーランド、ベトナム、ブルネイである。このうち、カナダとメキシコは二〇一二年一〇月に正式な新規参加国として承認された。両国は、二〇一二年一二月にニュージーランドで開催された第一五回会合から交渉に参加している。

ＴＰＰ交渉の第一回会合は、二〇一〇年三月にオーストラリアで開催された。現時点で、すでに三年が経過している。直近は第一六回会合であり、二〇一三年三月にシンガポールで開催された。五月に第一七回交渉会合がペルーで、九月に第一八回交渉会合がアメリカで予定されている（この中間にマレーシアで交渉会合が開催されるとの観測もある）。一〇月にはインドネシアでＡＰＥＣ首脳会合が開催されるため、それにあわせてＴＰＰ一一カ国の会合も予定されている。

ＴＰＰは包括的な協定交渉であり、二一の交渉分野を設定している。二一分野とは、⑴物品市場アクセス、⑵原産地規則、⑶貿易円滑化、⑷衛生植物検疫、⑸貿易の技術的障害、⑹貿易救済、⑺政府調達、⑻知的財産、⑼競争政策、⑽越境サービス、⑾一時的入国、⑿金融サービス、⒀電気通信、⒁電子商取引、⒂投資、⒃環境、⒄労働、⒅制度的事項、⒆紛争解決、⒇協力、㉑分野横断的事項である。このうち⑽⑾⑿⒀はサービス貿易分野に属する。

多角的（multilateral）な協定であるＷＴＯと明確な対応関係をもっているのは、⑴ＧＡＴＴ（関税及び貿易に関する一般協定）、⑵原産地規則協定、⑷ＳＰＳ協定、⑸ＴＢＴ協定、⑹アンチダンピング（ＡＤ）協定及びセーフガード（ＳＧ）協定、⑺ＧＰＡ（政府調達協定）、⑻ＴＲＩＰＳ協定（知的所有権の貿易関連の側面に関する協定）、⑽ＧＡＴＳ（サービスの貿易に関する一般協定）、⒂ＴＲＩＭｓ協定（貿易に関連する投資措置に関する協定）、⒆ＤＳＵ（紛争解決に係る規則及び手続に関する了解）である。ただし、ＧＰＡだけは複数国間（plurilateral）の協定であり、ＴＰＰ一一カ国のうち加盟しているのはアメリカ、カナダ、シンガポールのみである（日本も加盟している）。

ＴＰＰは地域ＦＴＡであるが、ＷＴＯを上回るコミットメントを目指す協定―ＷＴＯプラス（WTO Plus）の協定と言われる。これまでの通商協定で扱われたことのない分野―環境、労働、分野横断的事項（cross-cutting issues）を設定しているのも、そうした意図を反映している。しかし、それゆえに交渉も難航している。

ＴＰＰは秘密交渉であるため、正式な参加国にならなければテキストにアクセスすることはできない（会合へのオブザーバー参加も認められていない）。テキスト本文は、全二九章で構成される。これまでの一六回の交渉会合を通じて、議論が終了したとされる分野もある。中小企業（small-and medium-sized enterprises）の協定利用促進に関する議論は、二〇一二年五月の第一二回交渉会合後にその完了がアナウンスされた。また、二〇一三年三月の第一六回交渉会合後に、税関（customs）、電気通信（telecommunications）、規制制度間の整合性（regulatory coherence）、開発（development）の四分野は、今後、テキストの議論はしないことがアナウンスされた。これは、交渉が難航している分野—知的財産権（intellectual property）、競争（competition）、環境（environment）などに議論を集中するためとされている。このうち、知的財産権分野では医薬品の知的財産権保護が、競争分野では国有企業の規律（discipline on SOEs）が焦点になっているものとみられる。

現時点で、TPP交渉は二〇一三年中の交渉妥結を目標にしている。一〇月に予定されているTPP一一カ国の首脳会合は、これについて何らかのサインを出すものとみられる。

2　日本のTPP交渉「参加」をめぐる状況

日本のTPP交渉「参加」をめぐる状況は、二〇一三年二月二二日（現地時間）におこなわれた日米首脳会談後に急展開した。この時出された日米共同声明は、全三段落の短い文書である。必ずしも原文通りではないが、要点は以下である。

①日本がTPP交渉に参加する場合、全ての物品を交渉のテーブルにのせる。
②日米両国ともに守りたい重要品目（sensitivities）がある。日本は農産物、米国は自動車である。交渉に参加する時点で、全ての関税を撤廃するような約束をさせられることはない。重要品目を守れるかどうかは交渉次第であるが、このような難しい問題は交渉の最終段階にならないと決まらないだろう。

③日米両国は事前協議を継続し、米国は日本の参加条件として自動車、保険、その他の非関税措置（non-tariff measures）にあらかじめ対処することを求める、というものである。

なお、懸案事項であったはずの牛肉問題は二〇一三年二月の輸入規制緩和―月齢の引き上げ及び特定危険部位（SRM）の範囲の見直しで対処済みであるせいか、この声明のなかには盛り込まれなかった。

この共同声明の三段落のうち、①と③は米国に求められたものをそのまま書いたものであろう。日本の主張は②である。政権与党である自民党の選挙公約は「『聖域なき関税撤廃』を前提にする限り、TPP交渉参加に反対します」というものであった。この共同声明の二段落目をうけて、安倍首相は「聖域なき関税撤廃が前提ではないことが明確になった」と宣言し、三月一五日の正式な参加表明に踏み切ったのである。

さらに、四月一二日には日米事前協議の終了が両国から宣言された。共同声明の三段落目に書かれた参加条件をめぐる対処の要点は以下の通りである。

①米国の自動車関税（乗用車二・五％、トラック二五％）は、TPP交渉における最も長い段階的な引き下げ期間によって撤廃され、かつ、最大限に後ろ倒し（back loaded）される。その扱いは、韓米FTAにおける扱い（乗用車五年、トラック一〇年）を上回ることになる。日本は、輸入自動車特別取扱制度（PHP）の適用台数を一型式当たり二〇〇〇台から五〇〇〇台に引き上げる（PHPは、輸入車に対して簡易な審査手続を適用するもの）。また、日本の自動車分野の非関税措置に対処するため、TPP交渉と並行して二国間交渉を継続する。そこで取り上げる内容も合意している（自動車貿易TOR）。

②日本は、対等な競争条件が確立するまでは、日本郵政の保険事業（かんぽ生命）がガン保険・医療保険の新商品を販売することを許可しない（麻生副総理は数年かかるとコメント）。この問題はTPP交渉で対処するが、

並行して二国間交渉もおこなう。

③非関税措置の問題はＴＰＰ交渉でも対処するが、残った問題は二国間協議で対処する。取り上げる項目は、保険、透明性、投資、知的財産権、規格・基準、政府調達、競争政策、急送便、ＳＰＳ（食品添加物、農薬、ゼラチン）である。

総じて、自動車・保険・非関税措置の問題は懸案事項として残ったままであり、ＴＰＰ交渉と「並行交渉」で対処することが約束された。現時点で、日本側のメリットは何ひとつない。

また、同日のＵＳＴＲ（アメリカ通商代表部）のプレスリリースは、先の共同声明を引き合いに出し、「日本はすべての物品を交渉の対象にすることを確認している」「日本は現在の交渉参加国と共に、包括的で高水準の協定の実現に取り組むことを確認している」とした。アメリカ側の発表には、先の共同声明の二段落目はすっぽり抜け落ちている。自らの自動車関税は維持したにもかかわらず、である。

この時点で、日本が正式な交渉参加国になるためには、なお次のようなステップが必要であることが想定された。

①現在の参加国（一一カ国）のすべてが、日本の交渉参加を承認しなければならない。日米事前協議の終了宣言が出された四月一二日時点で、カナダ、オーストラリア、ニュージーランドの三カ国が日本の参加を承認していない。

②一一カ国の総意で日本の参加が承認されると、日本政府に対して書簡（念書）が送られてくる。この念書の存在は二〇一二年のカナダ・メキシコの新規参加時に明らかになっていたものであるが、日本国内でも最近になってようやく報道されるようになった。ただし、機密文書であるため原文を見た者はいない。ジェトロ（日

本貿易振興機構）が刊行している「二〇一二年版世界貿易投資報告」は、その内容を次のように紹介している。
・TPP協定の交渉中は、TPP参加国とすでに結んでいるFTAの再交渉はできない。
・新規参加国は、すでに内容が合意されている協定文書（テキスト）の章を拒否することはできない。
・新規参加国は、テキストの章の削除や追加を求めることはできない。
総じて、日本がこれからなろうとしている新規参加国の交渉権限はきわめて狭い、ということである。
③この念書に政府が合意すれば、かたちの上では参加が認められる。しかし、ここからアメリカの国内手続きが始まる。いわゆる九〇日ルールである。まず、USTRが議会両院に対して「日本と交渉することを認めて下さい」という旨の通知を出す（この通知自体は公表）。それと同時に、USTRは利害関係者（stakeholder）向けのパブリック・コメントを実施する（このコメントも公表される）。日本に対してはこれが二度目となる（二〇一一年一一月の野田前首相の「参加協議入り」表明後に一度実施）。
利害関係者とは米国の多国籍企業にほかならず、日本に対するさまざまな要求を突きつけてくる。議員は企業の利害代弁者であり、企業も悪名高いロビーを使って議員・政府に働きかけている。USTRはそれらの利害調整機関であり、優先事項をピックアップして日本に再度突きつけてくるだろう。

この米国の国内手続き（議会承認）が終わってはじめて日本は正式な交渉参加国となる。ただし、この期間中もテキストを見ることはできず、交渉にも参加できない。正式参加のタイミングは、現時点で早ければ七月、遅くとも九月と言われている。

その後の経過のなかで、四月二〇日のAPEC貿易担当大臣会合（インドネシア・スラバヤ）にあわせて、TPP一一カ国の閣僚級会合が開催され、日本の参加が承認された（ただし、その後の「念書」の存在は確認されていない)。これをうけてUSTRは四月二四日に議会にあてて通知をおこなった。パブリック・コメントが連邦官報に掲載されたのは五月七日である(提出期限は六月九日)。このまま事態が進行すれば、七月二三日(現地時間)に日本のTPP交渉「参加」は自動的に承認される。

3 物品市場アクセス分野の交渉

先述した二一分野のうち、農産物の貿易に直接関係するのは、物品市場アクセスの分野である。この分野の交渉は、多国間ではなく、二国間(bilateral)でおこなわれている。

物品市場アクセスの交渉は、関税の扱いに関するオファーとリクエストを交換するのが通例である。オファーは自国の関税の扱いに関する提案、リクエストは相手国に対する要求である。TPP参加国は、二〇一一年初頭に最初の交換をおこない、さらに直近の第一六回交渉会合(シンガポール)に先立って、新たなオファーの交換をおこなったとされている。

二国間交渉方式を主張したのはアメリカである。アメリカの意図は、すでに二国間FTAを締結している相手国とはこの分野の再交渉をしない、という点にある。これは特に、オーストラリアを意識しているとみられる。アメリカはオーストラリアと二国間FTAを締結しており(二〇〇五年発効)、砂糖と乳製品の一部を関税撤廃の対象から除外している。そのタリフライン数は一〇八であり、全品目の一%に過ぎないが、アメリカにとってのセンシティブ品目である。また、牛肉を含む一二三タリフライン(全体の一・二%に相当)を、段階的関税撤廃の期間を一〇年超とする長期自由化品目の扱いにしている。オーストラリアは再交渉を要求しているが、アメリカはこれに応じていない。

逆に、未締結国との間ではアクセス交渉をしなければならない。ＴＰＰ参加国のうち、アメリカが二国間ＦＴＡを締結していないのはマレーシア、ニュージーランド、ベトナム、ブルネイの四カ国である。このうち、ニュージーランドとの乳製品アクセス交渉と、ベトナムとの繊維製品のアクセス交渉は難航しているとみられる。以下、アメリカの通商専門誌（Inside U.S. Trade）などから情報を整理しておく。

まず、後者の繊維製品については、原産地規則のヤーン・フォワード・ルール（yarn forward rule）を厳格に適用することで、ベトナムの繊維製品を関税撤廃の対象外とすることも可能である。アメリカは原糸（yarn）を中南米に輸出し、そこで製造された繊維製品を逆輸入している。この場合は、アメリカが中南米諸国とＦＴＡを結んでいる限りは問題ない。中国産原糸を用いたベトナムの安価な繊維製品がゼロ関税で輸入されるようになると、アメリカの原糸が競争力を失ってしまう。ただし、ベトナムとの二国間交渉のなかでは譲歩のプロセスも進行しており、アメリカはヤーン・フォワード・ルールの適用に柔軟性をもたせるショート・サプライ・リスト（short supply list）を提案するものとみられる。

ニュージーランドに対しては、乳製品輸出で九〇％のシェアをもつフォンテラ社（Fonterra）に対して、競争分野の規律を課す構想もあるように見受けられる。それと共に、ニュージーランドとのアクセス交渉を前向きに進めようという機運も生まれてきた。

ひとつは、それを交渉カードとして、ニュージーランドに譲歩を迫るというプロセスである。特に、医薬品のアクセス拡大に焦点が当てられている。もうひとつは、アメリカの乳製品のはけ口をカナダに求めることである。カナダはＮＡＦＴＡ（北米自由貿易協定）パートナーであるが、供給管理政策（supply management system）

の対象としている乳製品・家禽製品（鶏肉・卵）は高関税で保護している。アメリカは、カナダとの再交渉をおこなうことは公言しており、カナダも新規参加の条件としてそれを呑まざるを得なかった。アメリカの酪農団体である全米生乳生産者協会（ＮＭＰＦ）も、「カナダの市場が完全に開放されていないのに、ニュージーランドのアクセス交渉を認めるわけにはいかない」とコメントしている。カナダは交渉中のＥＵとのＦＴＡ交渉で乳製品のアクセス拡大をある程度認める方針であり、アメリカはそのタイミングを待っているということであろう。

また、新規参加国となったカナダは、直近の第一六回交渉会合に先立ち、市場アクセスのオファーを提出した。アメリカを除く九カ国に対して同一のオファーを提出したと伝えられている（アメリカはカナダにオファーを提出していないので、カナダも交換に応じていない）。ＴＰＰはすべての物品を交渉のテーブルにのせることが条件であり、オファーを提出する際もセンシティブ品目を除外することは許されていない。さらに、関税の維持という選択肢も与えられていない。

ＴＰＰが定めているルールは、即時撤廃（immediately elimination）か、段階的関税撤廃（phase out）であり、後者の基本は五年か一〇年である。したがって、①即時撤廃、②五年、③一〇年という三つの選択肢しかない。これが「定められた（defined）」ルールである。カナダは乳製品と家禽製品を「未定の分類（undefined basket）」に入れたオファーを提出した。現時点で「未定」というオファーを提出することは許されているようであるが、これは「段階的関税撤廃の期間が未定」ということであり、交渉を通じて一〇年超の長期自由化品目として扱うことができる可能性を示しているに過ぎない。先述したアメリカの自動車関税の場合も同様となろう。繰り返しになるが、関税撤廃の対象からの除外や、関税の維持（standstill）という選択肢は現時点で与えられていないように見受けられる。

アメリカにとっても、繊維（対ベトナム）、砂糖（対オーストラリア）、乳製品（対オーストラリア及びニュージーランド）は守りたいセンシティブ品目である。対日本との関係で言えば、自動車がそれにあたる。アメリカはこれらセンシティブ品目について、市場アクセス交渉のなかで例外扱いを主張しているわけではない。ひじょうに緻密な交渉戦略を立ててのぞんでいる。それが例えば、原産地規則（対ベトナム）、二国間交渉方式（対オーストラリア）、競争規律（対ニュージーランド）、事前協議での譲歩獲得（対日本）であり、TPP交渉全体のパッケージのなかでセンシティブ品目を守ることを構想している。「例外品目の獲得は交渉次第」という単純なものではない。

4　日本のセンシティブ品目

日本はこれまでに一三の国・地域とFTA・EPAを締結している。TPP一一カ国のなかでは、シンガポール（二〇〇二年発効）、メキシコ（二〇〇五年発効）、マレーシア（二〇〇六年発効）、チリ（二〇〇七年発効）、ブルネイ（二〇〇八年発効）、ベトナム（二〇〇九年発効）、ペルー（二〇一二年発効）の七カ国と二国間FTAを締結している。また、ASEAN全体とも締結している（二〇〇八年発効）。

逆に、FTA未締結国はアメリカ、オーストラリア、カナダ、ニュージーランドの四カ国である。このうち、オーストラリアとカナダとの間では、二国間FTAを交渉中である。オーストラリアとのFTA交渉は二〇〇七年四月に開始され、すでに六年が経過している。カナダとの交渉は二〇一二年一一月に始まったばかりである。

このアメリカ、カナダ、オーストラリア、ニュージーランドの四カ国は、世界最強の農産物輸出国グループで

表2·1　農産物の主要品目別の輸入状況と輸入相手国

	輸入量（万トン）	輸入金額（億円）	輸入金額上位３カ国（数量シェア・%）		
米	74	466	①米国（49）	②タイ（41）	③豪州（7）
小　麦	621	2,158	①米国（58）	②カナダ（21）	③豪州（20）
大　豆	283	1,443	①米国（67）	②ブラジル（19）	③カナダ（13）
粗　糖	150	904	①タイ（71）	②豪州（17）	③フィリピン（5）
ナチュラルチーズ	21	819	①豪州（44）	②ＮＺ（27）	③米国（10）
牛　肉	52	2,110	①豪州（66）	②米国（23）	③ＮＺ（6）
豚　肉	79	4,161	①米国（41）	②カナダ（22）	③デンマーク（16）
鶏　肉	47	1,304	①ブラジル（88）	②米国（10）	③フィリピン（1）

資料：農水省「農林水産物輸出入概況（2011年確定値）」

あり、日本に対する主要な輸出国でもある。**表２・１**は農林水産省がまとめた統計から主要品目の輸入先相手国を見たものであるが、この四カ国がほぼ三位までを独占している。圧倒的なシェアをもっているのは、小麦、大豆、乳製品（ナチュラルチーズ）、牛肉、豚肉である。コメのシェアもアメリカとオーストラリアを合わせると五割強に達する。日本がＴＰＰに参加すれば、これらの国にさらなるアクセス機会を与えることになるだろう。

農水省は二〇一三年二月に、これまで締結したＦＴＡで関税撤廃をしたことのない農林水産品のリストを公表した。日本は九桁のタリフラインを採用しているが、そのベースで八三四品目である。特に多いのは乳製品の一八八と麦類の一〇九である。砂糖も八一であり、広い意味では甘味資源作物に含まれるでん粉を合わせると一三一になる。何よりの問題は、この品目数の多さである。日本の全品目数は九、〇一八である。しかし、この八三四品目だけでも全品目の九・二％にあたる。この他に、軽工業品のセンシティブ品目があり、政府資料では合わせて約九四〇品目としている。実に一割強である（九四〇として一〇・四％）。

日本がＴＰＰ交渉に参加すれば、間違いなく先の四カ国とは市場アクセス交渉をしなければならない。その際、カナダがそうしたように、すべての品目を交渉のテーブルにのせるかたちでオファーを提出することになるだろう。

カナダのタリフラインについての詳細な情報はないが、乳製品と家禽製品だけで一〇%を超えるということはない。日本は超えてしまうのであり、農林水産品だけでも九%強である。

政権与党である自民党内のTPP対策委員会は、安倍首相の参加表明に先立つ二〇一三年三月一三日に決議をおこなった。そのなかで、農林水産分野の「重要五品目等」は「聖域（死活的利益）」であり、それが確保できないと判断した場合は脱退も辞さない、とした。また、委員会に配置されている農業関係のグループは、この「重要五品目等」をより具体的に「米、麦、牛肉・豚肉、乳製品、甘味資源作物等」と明示した。取りまとめ文書では、これら農林水産物の重要品目が「除外」または「再協議（reopen）」の対象となることを求め、「一〇年を超える期間をかけた段階的な関税撤廃も含め認めない」と釘を刺している。重要品目の扱いに関する決議内容は、四月一八・一九日の国会決議（衆参の農林水産委員会）にも盛り込まれた。

この「重要五品目等」だけを取り出しても、タリフラインはコメが五八、麦が一〇九、甘味資源作物（砂糖・でん粉）が一三一、乳製品が一八八、牛肉・豚肉が一〇〇である。その合計は五八六品目であり、これだけでも六・五%になる。アメリカがオーストラリアとのFTAで除外しているのは、繰り返しになるが一%なのである。

いずれにしても、もし日本がTPP交渉に参加するならば、どこかの時点でオファーを提出するタイミングがある。オーストラリアとのFTA交渉の場合は、日本が提出したオファーの詳細は非公表のままであった。今回はどのように扱われるかはわからないが、もし日本がTPP交渉に参加した場合、農業分野の最大の関心事はこのオファーである。少なくとも六~一〇%にあたる品目を、カナダがそうしたように「未定」とするオファーを出さなければ約束違反である。そして、交渉の結果として、いかなるかたちにせよ関税撤廃を迫られるのであれば、約束通り脱退してもらうしかない。

表 2·2　国産品と輸入品の内外価格差の例

（単位：円／kg、倍率）

品目	国産品価格（A）	輸入品価格（B）	内外価格差（A／B）	備考（データの諸元）
コ　メ	241	117	2.1	国産品：相対取引価格（新潟コシ除く） 輸入品：米国産中粒種現地価格＋輸入経費
小麦粉	113	54	2.1	国産品：国内産小麦粉工場出荷価格 輸入品：米国産小麦粉 FOB 価格
砂　糖	167	52	3.2	国産品：精製糖の市中相場価格 輸入品：ロンドン白糖価格
でん粉	130	33	3.9	国産品：国産いもでん粉価格（固有用途） 輸入品：タピオカでん粉 CIF 価格
乳製品	63	24	2.6	国産品：特定乳製品向け生乳取引価格 輸入品：米国産バター等 CIF 価格（生乳換算）
牛　肉	1,366	504	2.7	国産品：中央市場卸売価格（4、5 等級除く） 輸入品：世界総計 CIF 価格
豚　肉	626	279	2.2	国産品：中央市場卸売価格（全規格） 輸入品：米国卸売価格＋輸送費

資料：内閣官房「政府統一試算」添付資料（2013 年 3 月 15 日）

5　北海道農業への影響

重要品目を守るためには、現在の国境措置（関税）の継続以外に方法はない。その理由は大きな内外価格差である。

二〇一三年三月一五日に政府が公表した影響試算は、TPP参加一一カ国に対してすべての関税を撤廃することを前提とし、農林水産物三三品目（うち農産物一九品目）を対象とした試算をおこなっている。トータルの生産減少額は三兆円と見積もられた（農産物は二兆六、六〇〇億円）。前回（二〇一〇年一〇月）の試算は全世界を対象としており、影響額は農業だけで四・一兆円であった（農林水産物全体では四・五兆円）。試算方法も多少異なるが、影響額は依然として大きい。前述したようにTPP参加国は主要な農産物輸出国であり、ある意味当然である。

試算の附属資料から、主要品目の内外価格差を整理して示したのが**表2・2**である。最も内外価格差が小さいコメ・小麦粉でも二・一倍、次いで豚肉の二・二倍、以下、乳製品の二・六倍、牛肉の二・七倍と続き、三倍を超えるのが砂糖の三・二倍、四倍近いのがでん粉の三・九倍である。たとえ一〇年を超える段階的関税撤廃期間があったとしても、これだけの内外価格差を埋める手段があるとは思われない。

試算の説明によれば、小麦粉の場合、外国産小麦粉の価格は「原料小麦の価格を含まない国内の製粉コストとほぼ同等」、砂糖の場合、外国産精製糖の価格は「原料糖の価格を含まない国内の精製コスト等を下回る水準」とされている。つまり、製粉や精製糖業においては、原料価格がゼロであっても輸入製品に対抗する競争力はない。政府の「TPPに関する意見取りまとめ」資料によれば、業界団体である精糖工業会は「原則関税撤廃とするTPP参加に断固反対」を表明し、製粉協会は「国境措置とのバランスが重要」と懸念を述べている。また、全国乳業協会も「TPPへの参加には賛同できず、慎重な対応を国に求める」と提言している。農業界のみならず、食品産業からも反対意見が表明されている。

重要品目を多く抱えているのが北海道農業である。北海道の農業は水田作・畑作・酪農という三本柱で構成されており、それぞれが中核地帯を形成している。自給率の低い畑作物について北海道農業のシェアを見ておけば、**表2・3**のようになる。

小麦の自給率は二〇一一年で一一％であるが、北海道ではおよそ五〇万トン近い生産量があり、国内生産の七割近いシェアを占めている。大豆はトータルの自給率は七％程度であるが（搾油用を含む）、食用だけを取り出すと自給率は二割程度となる。二〇一一年における北海道の生産量は六万トンであり、国内生産の二七％を占める。もちろん、全国一の産地である。砂糖とでん粉については、北海道と沖縄・九州という日本列島の両端が主産地である。砂糖類の自給率は近年二六％に低下しており、でん粉も一〇％を切る水準である。国内産糖は

表2·3　北海道の畑作物の地位

（単位：トン、％）

	産　年	全　国	九　州	北海道	同左シェア	自給率
小　麦（収穫量）	2007	910,100	157,200	582,000	63.9	14
	2008	881,200	157,500	541,500	61.5	14
	2009	674,200	110,400	400,100	59.3	11
	2010	571,300	88,900	349,400	61.2	9
	2011	746,300	96,200	499,900	67.0	11
	産　年	全　国	九　州	北海道	同左シェア	自給率
大　豆（収穫量）	2007	226,700	42,200	53,600	23.6	21
	2008	261,700	50,100	56,800	21.7	25
	2009	229,900	45,000	48,500	21.1	22
	2010	222,500	43,800	57,800	26.0	22
	2011	219,900	45,300	59,700	27.1	（未公表）
	砂糖年度	合　計	甘しゃ糖	てん菜糖	同左シェア	自給率
国内産糖（生産量）	2007	861,000	169,000	683,000	79.3	33
	2008	878,000	186,000	683,000	77.8	38
	2009	861,000	168,000	683,000	79.3	33
	2010	655,000	156,000	490,000	74.8	26
	2011	674,000	104,000	564,000	83.7	26
	でん粉年度	合　計	かんしょ	ばれいしょ	同左シェア	自給率
国産いもでん粉（供給量）	2007	278,000	43,000	235,000	84.5	10
	2008	269,000	46,000	223,000	82.9	10
	2009	248,000	52,000	196,000	79.0	9
	2010	208,000	45,000	163,000	78.4	7
	2011	215,000	45,000	171,000	79.5	（未公表）

注：1）直近の数値には速報、見通し、概算値を含む。
2）大豆の自給率は食用自給率の数値（農水省試算）。
3）てん菜糖は「白糖」と「原料糖」の合計値。
4）砂糖の自給率欄は「砂糖類」の数値。
資料：農水省（作物統計、食料需給表、大豆関連データ集）、農畜産業振興機構（砂糖、でん粉）

北海道のてん菜糖と、沖縄等のサトウキビからつくられる甘しゃ糖のみであるが、北海道のてん菜糖が八割近いシェアを占めている。でん粉についても、国産いもでん粉は北海道のばれいしょでん粉と南九州のサツマイモから製造される甘しょでん粉しかないが、北海道のばれいしょでん粉がやはり八割近いシェアを占めている。

この他に、近年の特徴的な動きを紹介しておくと、北海道のコメの収穫量は二〇一一年で六三万トンであり、新潟県をわずかに抜いて全国トップの産地になった。今や北海道は全国一・二を争うコメの主産地になっている。また、北海道の生乳生産量は二〇一〇年で三九〇万トンであり、ついに都府県全体の生産量（三八二万トン）を上回った。北海道の生乳は、そのおよそ半分が加工原料乳としてバター・脱脂粉乳などの乳製品用途に、三割が生クリームやチーズに、残り二割が飲用乳に仕向けられている。

北海道の畑作・酪農は基本的に原料農産物生産であり、てん菜糖業、でん粉工場、乳業といった加工業も数多く立地している。もしゼロ関税のTPPが強行されるならば、生産者・食品産業ともに大きな打撃を受け、共倒れの事態になる。TPPの最大の被害者は北海道である。

北海道庁が二〇一三年三月に公表した影響試算は、農産物一二品目を対象としている。試算の前提である外国産に置き換わる割合は、コメが三割、小麦（粉）が九九％、砂糖（てん菜）とでん粉は壊滅、小豆が七割、菜豆（いんげん）は二割、乳製品のうちバター・脱脂粉乳・チーズは壊滅、牛肉は三等級以下で九割、豚肉は七割、鶏肉・鶏卵は業務・加工用を中心に二割である（軽種馬は、優良馬以外が置き換わると想定）。影響額は農業産出額が四、九三一億円、関連産業が三、五三二億円、地域経済が七、三八三億円であり、そのトータルは一兆五、八四六億円である。二〇〇八年の北海道の農業産出額は一兆二五一億円であり、およそ半分が失われる計算である。また、政府と同様の方法で算出した生産減少額（農産物）は四、七六二億円であり、全国のおよそ一八％を占めている。マイナスの二割を北海道が背負うことになり、この意味でも最大の被害者である。

6　おわりに

本稿執筆時点で、日本の「正式参加」が認められるのはアメリカの国内手続きが終了する七月二三日（または二四日）である。五月の第一七回交渉会合（ペルー）の終了時に、七月のマレーシア会合の開催について正式なアナウンスがなされる見通しである。マレーシア会合は七月一五日から二五日の日程を予定していることが伝えられており、最後の数日に限って日本が参加する可能性もある。ただし、市場アクセスのオファーを提出するのは九月の交渉会合にあわせることになるだろう。

二〇一一年の一二月会合（ニュージーランド）から参加しているカナダとメキシコは、三月のシンガポール交渉会合にあわせてオファーを提出した。正式参加から三カ月間の猶予があったが、日本がオファーを作成するために与えられている時間はわずか一カ月である。そのプロセスをわれわれは注視している。

反対運動を主導してきたＪＡグループは、「ＴＰＰ交渉が現在の枠組みで行われている以上は、わが国の国益は守れない」という基本認識を示している（全中会長声明、三月一五日）。安易な「条件闘争」も受け入れ難い。安倍首相は五月一七日におこなった「成長戦略第二弾」のスピーチのなかで「農業・農村の所得倍増目標」を掲げたが、そのために必要な具体策とその財政的裏づけは何ひとつ示されず、ヴィジョンの域を出ない。今後、七月の参院選に向けて出される政権公約もその程度に留まる公算が高い。

われわれとしては、今後おこなわれる農産物の関税撤廃交渉の動向を注視しつつ、ＴＰＰの有害性を国民各層に訴え続けていくしかない。参加したとしても、国益を守るための闘いはこれから本番である。

【参考文献】
（1）清水徹朗ほか「貿易自由化と日本農業の重要品目」『農林金融』二〇一二年一二月号
（2）田代洋一編著『ＴＰＰ問題の新局面』大月書店、二〇一二
（3）田代洋一『安倍政権とＴＰＰ』筑波書房、二〇一三
（4）田代洋一「問われているのは農業の持続可能性」『週刊金曜日』二〇一三年四月一二日号
（5）田代洋一「日米外交とＴＰＰ問題」『農業協同組合新聞』二〇一三年四月二七日
（6）東山寛「米国の対日要求としてのＴＰＰと事前協議の害悪」『農業市場研究』21巻4号、二〇一三
（7）馬場利彦「ＴＰＰ交渉参加表明に対するＪＡグループの主張と今後の運動展開」『農村と都市をむすぶ』二〇一三年五月号
（8）米国議会調査局（ＣＲＳ）『ＴＰＰ交渉と議会の課題（The Trans-Pacific Partnership Negotiations and Issues for Congress)』二〇一三年四月一五日（英文）

第2部　日韓の新たな担い手の育成

第2部では日韓両国に共通する課題、地域農業の維持・発展を担う経営体の育成・支援の方向と方策を論じている。

第3章は市場開放に対応して競争力を強化しなければならない韓国における経営革新の方向を議論している。市場開放と流通構造の変化、規模拡大や新技術導入などの生産構造の変化を生かす経営革新の方向性として、伝統的商品から機能性商品への転換、高品質化による差別化を事例分析にもとづき提言している。

第4章は農村外部からの農業参入促進のための支援策を論じている。全国・都道府県レベルでの一律な支援策は効果が薄く、地域ごと、農業形態ごとの有形資産の大きさ、無形資産の定型性・無形性という特性に応じた参入支援が効果的であること、新規参入支援には新たな主体の創出が必要であることが示される。

第5章は家畜ふん尿の管理問題に焦点を当てて、環境調和型農業の将来方向が論じられる。家畜ふん尿を適性に処理し資源化、活用する技術的方策とともに、循環型地域農業を実現するための家畜ふん尿処理の地域的管理と政策支援のあり方が提示される。

第3章　江原道における先進農家の経営革新

高　鍾泰・李　鍾寅

1　はじめに

二〇一二年末には韓国の一八代大統領を選出する選挙が行われた。選挙期間中の議論は変化と改革に関する話題に集中していた。新聞やテレビをみても、政治、経済、社会のどの面でも変化、改革、そして革新に関する話のみであり、変わらなければならないという。マスコミだけではない。どこでも変化、改革、革新が語られている。実際、この変化、改革、技術革新はすでに数十年間続いており、改革疲労症候群という新造語まで登場している。改革と革新は、互いに似た言葉である。改革（reform）とは旧い政治社会像を徐々に手続きを踏んで直していく過程（注1）を、革新とは古い風俗、慣習、組織、方法などを完全に変えて新たにすること（注2）をそれぞれ意味する。

経済学でも革新が重要なキーワードとして据えられている。シュンペーターは、二〇世紀を代表する経済理論家であり、大社会科学者である（注3）。シュンペーターは一九一二年に出版された著書『経済発展の理論』で次のように主張する。経済学の言うイノベーションは、新しい欲望がまず消費者の間で自発的に示されて、その圧力により生産機構の方向が変わるわけではない。動学が対象とする変化の主導権はあくまでも生産者側にある。そして、その中核となるのが「新結合」または「革新」である（注4）。ここで新結合は技術革新と同一の意味である。一九三九年に出版された景気循環論でシュンペーターは、新結合の代わりに革新という新しい用語を使用したからである（注5）。シュンペーターが主張する新結合という概念は、新しい商品の創出、新たな生産方法の開発、新たな市場の開拓、新しい原材料の供給源の発掘、新しい組織の実現など五つの要素を内包している（注6）。

これらの技術革新への要求は農業においても同様である。最近、韓国の農業は内外にわたり大きな環境変化に直面している。外的な変化では、ＦＴＡ（自由貿易協定）、ＤＤＡ（ドーハ開発アジェンダ）などの圧力による韓国の農産物市場開放の拡大をあげることができる。さらに、中国などからの安価な農産物の輸入増大は、韓国の農業をより困難にしている。

内的な変化は、韓国の急速な経済成長とそれに伴う農林漁業の比重の減少、国民の消費パターンの変化、大家族から核家族への変化、女性の社会活動の増加、余暇活動の増加、そして高齢化などの変化に対応して、農産物の消費構造が急激に変化している点である。これと共に農家数の急激な減少とそれに伴う経営規模の拡大・専業化、農産物生産への新技術の応用、交通・通信の発達、ＩＴ産業の発展などにより、農業生産構造が急激に変化している点も韓国農業が直面している重要な変化である。

このような韓国農業が直面している課題は、江原道においても例外ではない。以下では、江原道農業の実態に即しながら、この課題の克服に取り組んでいる先進農家における経営革新の事例を考察することにする。

2　韓国農業に革新を迫る環境変化

(1) 対外環境の変化

対外環境の変化については、FTAと自由貿易主義現象についてみておこう。すでに韓国は対チリ、シンガポール、EFTA、ASEAN、インド、EU、ペルー、そして米国とのFTAを発効させている。さらに、トルコ、コロンビアとはFTA交渉を妥結し、カナダ、インドネシア、中国、中・日、RCEF（域内包括的経済連携協定）とは交渉中である。日本、メキシコ、GCC（ペルシャ湾内協力会議）、オーストラリア、ニュージーランドとは交渉再開の条件整備段階、そしてMERCOSUR（メルコスール）（注7）、イスラエル、中米、マレーシアとはFTA交渉の準備として共同研究が進められている（注8）。

このような自由貿易や市場開放圧力が韓国農業への大きなインパクトとなっている。FTA、自由貿易協定の内実は、国家間の利益が尖鋭に対立する交渉の場である。特に、FTAなどの自由貿易交渉に参加する当事国の産業のうち、競争力の弱い産業での利害関係はますます複雑なものとなる。韓国では、農業分野がこのような競争力が脆弱な分野に分類されている。競争力が脆弱な状態で安価な外国産農産物の輸入が増大すれば、韓国農業に大きな影響を及ぼすことになるだろう。

一九九二年に韓国と中国の国交正常化が行われた。その後、両国間の貿易量は急速に増加している。二〇一〇年の韓国の総輸出額は四、六六三億八四百万ドル。そのうち中国は最大の輸出先国で一、一六八億三八百万ドルであり、第二位の米国、第三位の日本への輸出額を合わせた金額よりもはるかに大きい（**表3・1**）。同

表3・1　韓国の主要輸出入国・地域との貿易額（2010年）

（単位：百万ドル）

順位	輸出国	輸出額	順位	輸入国	金額
1	中国	116,838	1	中国	71,574
2	米国	49,816	2	日本	64,296
3	日本	28,176	3	米国	40,403
4	香港	25,294	4	サウジアラビア	26,820
5	シンガポール	15,244	5	オーストラリア	20,456
6	台湾	14,830	6	インド	14,305
7	インド	11,435	7	インドネシア	13,986
8	ドイツ	10,702	8	台湾	13,647
9	ベトナム	9,652	9	アラブ首長国連邦	12,170
10	インドネシア	8,897	10	カタール	11,915

資料：韓国貿易協会ホームページ

表3・2　韓国の対中国農業部門の輸出入の現状

（単位：千トン、千ドル）

年度	輸出		輸入	
	重量	金額	重量	金額
1997	239,166	200,645	5,520,763	1,528,565
2000	271,194	201,739	8,722,599	1,867,932
2005	267,037	339,774	9,061,157	3,154,986
2010	474,327	787,361	6,955,342	4,323,225

資料：農産物貿易情報　www.kiti.net

様に、二〇一〇年の韓国の総輸入額四、二五二億一二百万ドルのうち、中国からの輸入額は七一五億七四百万ドルであり、第二位の日本、第三位の米国を凌いでいる。

中国との交易の内容をより詳細にみると以下の通りである。韓国からの主要輸出品は、電気製品、光学機器、機械、パソコン、有機化合物、プラスチックなどであり、主な輸入品目は、電気製品、機械、パソコン、鉄鋼、鉄鋼製品、光学機器などである。お互いの輸出、輸入品目は類似している（注9）。

一方、韓国と中国の農業部門の輸出入の現状は**表3・2**に示される。韓国の中国への農産物の輸出量と輸出額は増加傾向にある。一九九七年と二〇一〇年を比較すると、重量ベースでは約二倍、金額ベースでは約三倍以上に増加している。中国からの農産物

表3·3　韓国の国民1人当りGDPの国際的位置変化

（単位：ドル）

年度	GDP/1人	順位	年度	GDP/1人	順位
1960	156	163	1985	2,368	80
1961	92	188	1990	6,153	60
1965	106	189	1995	11,468	48
1970	279	155	2000	10,884	48
1975	608	135	2005	16,388	34
1980	1,674	96	2010	29,791	25

資料：http://letstalk.tistory.com/4400

の輸入は、重量ベースでは二〇〇五年までは増加傾向を見せその後減少傾向となっているが、金額ベースでは持続的な増加傾向を見せている。一九九七年と二〇一〇年を比較すると、輸入量は約一・三倍、輸入額では約二・八倍の増加を示す。

農産物の輸出入量を比較すると、一九九七年には輸入量は、輸出量の二三倍、金額は七・六倍であったが、二〇一〇年には輸入量が一四・七倍、輸入額が五・五倍へと変化している。輸入量が輸出量よりもはるかに大きいこと、そして輸入農産物の単価が上昇していることがわかる。品目別では、韓国人の食卓に欠かせない大根、白菜、ニンニクなど、ほぼすべての品目に達している。このような農産物の輸入増大は、韓国の農業に大きな脅威となっている。

（2）農業と食をめぐる変化

1韓国の急速な経済成長に伴う農業構造の変化

韓国農業の変化と技術革新を加速化している内的要因をみてみよう。まず第一は、韓国の急速な経済成長である。人類の歴史上、韓国のように短期間で経済成長を遂げた国はない。一九六一年の韓国の国民一人当たりＧＤＰは九二ドル、世界ランキングは第一八八位であり、下から数える方がより近い順位であった。以後、韓国の経済は急速に成長し始め、一九七〇年に二七九ドル、第一五五位、そして一九七五年には六〇八ドル、第一三五位となった。一九七七年には待望の一、〇〇〇ドル時

表 3·4　農林漁業生産額の変化

（単位：十億ウォン、％）

年度	農林漁業	国内総生産	割合
1970	736.7	2,775.1	26.5
1975	2,559.5	10,477.8	24.4
1980	5,576.0	39,109.6	14.3
1985	10,173.6	85,699.1	11.9
1990	14,998.3	191,382.8	7.8
1995	22,828.8	409,653.6	5.6
2000	24,939.1	603,236.0	4.1
2005	25,853.0	865,240.9	3.0
2010	27,018.7	1,172,803.4	2.3

資料：韓国銀行経済統計システム　http://ecos.bok.or.kr/

代を迎えることになる。その後一九八〇年には一、六七四ドル、第九六位、一九九〇年には六、一五三ドルで第六〇位、二〇〇〇年には一〇、八八四ドルで第四八位、二〇〇五年には一六、三八八ドルで第三四位、そして二〇一〇年には二九、七九一ドルで、第二五位を記録する（**表3・3**）。

これにともない、韓国経済に占める農林漁業の生産額と割合も大きく変化した。一九七〇年の農林漁業生産額七、三七〇億ウォンが一九八〇年には五兆五、七六〇億ウォン、一九九〇年には一四兆九、九八〇億ウォン、二〇〇〇年には二四兆九、三九〇億ウォン、そして二〇一〇年には二七兆一九〇億ウォンに増加している。しかし、国内総生産額の規模が大きくなるにつれ、その割合は相対的に大きく減少した。一九七〇年の国内総生産額は二兆七、七五〇億ウォンであったが、急速な経済成長に伴い一九八〇年には三九兆一、一〇〇億ウォン、一九九〇年には一九一兆三、八三〇億ウォン、二〇〇〇年には六〇三兆二、三六〇億ウォン、そして二〇一〇年には一、一七二兆八、〇三〇億ウォンへと大幅に増加した。これに伴い、農林漁業の割合は、一九七〇年の二六・五％から一九八〇年には一四・三％、一九九〇年には七・八％、二〇〇〇年には四・一％、そして二〇一〇年には二・三％にまで大幅に減少した（**表3・4**）。

つぎに、農業人口の変化をみてみよう。総人口は一九七〇年には

表3·5　世帯数と人口の変化（総数・農家）

（単位：千戸、千人）

年度	総数		農家	
	世帯	人口	世帯	人口
1970	5,857	32,241	2,483	14,422
1975	6,754	35,281	2,379	13,244
1980	7,969	38,124	2,155	10,827
1985	9,571	40,806	1,926	8,521
1990	11,355	42,869	1,767	6,661
1995	12,958	45,093	1,501	4,851
2000	14,312	47,008	1,383	4,031
2005	15,887	48,138	1,273	3,434
2010	17,574	48,580	1,177	3,063

資料：1）全国の資料は、農林水産食品の主要統計、各年度。
　　　2）農家資料は、韓国銀行経済統計システムから得た。

三、二二四万人であったが、一九九〇年には四、二八七万人となり、二〇一〇年には四、八五八万人にまで増加した。また、世帯数は一九七〇年の五八五万七千戸から二〇一〇年の一、七五七万四千戸へと着実に増加している（注10）。

一方、農家人口は一九七〇年には一、四四二万人であったが、二〇一〇年には三〇六万人まで急速に減少し、同じく農家世帯も一九七〇年の二四八万戸から二〇一〇年の一一八万戸へと急速に減少している。これに伴い、農家人口割合は一九七〇年の四四・七％から二〇一〇年の六・三％へ、農家世帯も四二・四％から六・七％と急速に減少しているのである（**表3・5**）。

これは世界的にも類を見ない早さである。韓国の農村は、既に深刻な高齢化と労働力不足、空洞化現象を示しているのである。一般的に、OECD加盟国では農家数と農家人口は総世帯と総人口の三％内外の数値を示している。韓国の場合には、すべての産業部門でOECD加盟国と同様の現象を示すと予測されている。この場合、農家数と農家人口はさらに急速に減少し、韓国農業はますます大きな問題に直面するであろう。

また、専業農家が農業総生産に占める割合でも大きな変化が見られる。総農家のうち専業農家の割合は、一九七〇年には一五・六％であり、二〇一〇年には一七・八％に増加した（注11）。しかし、農業総生産に占める専業農家の生産割合は大幅に増加した。この現象は特に畜産業で顕著に現れている。これを韓牛に即して見てみよう。韓牛の総飼養頭数は一九八三年末には一九四万頭であり、二〇〇五年末では一八二万頭であった。この飼育規模別頭数を見ると、一九八三年では一～一九頭規模が九五・一％で圧倒的であり、二〇～四九頭規模は二・六％、五〇～九九頭規模は〇・九％、一〇〇頭以上規模は一・四％に過ぎなかった。しかし、二〇〇五年では、一～一九頭規模は四二・一％にまで減少し、二〇～四九頭規模が二四・八％、五〇～九九頭規模が一五・七％、一〇〇頭以上規模も一六・八％へと大きく増加をみせている。このように韓牛飼養については専業化が急速に進展していることがわかる（注12）。

同様の現象は養豚についても確認できる。一九八三年から二〇〇五年までの変化の特徴は養豚農家数が一九八三年以降急速に減少し、それに伴って一戸当たりの飼育規模の急激な拡大が進んだことである。まず、養豚農家数は一九八三年の五三万九、四〇三戸から一九九〇年には一三万三、四二八戸にまで減少した。さらに二〇〇〇年には二万三、八四一戸、二〇〇六年には一万二、二九〇戸に減少している。この間、千頭未満の飼養農家数は一九八三年では全体の九九・九％を占めていたが、二〇〇五年には七六・〇％に減少した。これに対し、千～五千頭未満の飼養農家数は、ほんの一握りであったが、二〇〇五年には二四・〇％に増加をみせている。また、五千～一万頭未満は一三三戸、一万頭以上は六三戸に増加している（注13）。このような養豚の大規模化には養豚団地の形成と養豚業の系列化などが大きな役割を発揮している。以上のような急激な変化は一九九〇年代中盤以後、すなわち世界的な自由貿易主義の拡大が養豚産業の構造調整を急速に進めたことに起因すると考えられる。

2 生産および流通技術の変化

生産技術の変化も韓国の農業の変化に影響を及ぼす重要な要因になった。韓国の農業は一九五〇～六〇年代においては旱魃や冷害、降雨などの気象条件に左右される側面が強かった。生産規模は零細で、小農が大多数を占め、自給自足的な主穀を中心とした少量多品目生産が主要な農業形態であった。多くの国民が農業に従事し、工業やサービス業など他の就業機会は多くなかった。この当時においては生産技術の開発よりは伝統的な生産様式を維持する保守的な生産形態が一般的であった。一九七〇年代以後には工業化を主軸に経済開発が本格的に推進され、韓国経済における非農業部門の拡大が開始された。この時代から農業生産様式の大きな変化が開始される。

一方では、国家的な食糧自給のための食糧増産政策が実施され、農業人口減少に替わる農業機械化が推進された。経済開発と国民所得の増加、工業化、そして都市化は、農業生産を自給自足農業から商品生産を目的とする農業に転換させ、農家の意識構造も大きく変わることになった。営農会社法人と営農組合法人などを代表として、農業生産が徐々に大規模化、体系化の方向に向かうようになった。生産だけではなく産地形成においても生産者組織を単位とした大量規格商品の共同出荷が拡大し、消費地流通機構との取引交渉力を高めることになった。さらに一九九〇年代後半には、流通市場の開放とともに消費地流通が革新的に変化し、大型流通業者が零細な食料品店と卸売市場の機能を縮小させた。彼らは産地で直接農家と取引し、契約栽培によるオーダーメイド生産とオーダーメイド流通が増加するようになった。

販売競争が激化するにつれ、生産の専門化と団地化が避けられなくなった。商品差別化のために、生産者団体を中心に農産物の標準規格化とブランド化が急速に導入されている。特に、厳格に標準化された状態で輸入される農産物は、国内産農水産物の標準化と規格化を大きく促進する役割を果たしている。これに伴って、産地での集荷商人の役割が弱まり、ライスセンター（米穀総合処理場）や農産物集出荷施設、そして畜産物処理場など産地流通施設を中心にした品目別生産者団体の機能が強化されている。商品のブランド化が拡大するにつれ、商品の差別化と高品質化のための地域間、生産者間の競争が加速されている。このような変化は生産部門自体による変化というよりは、流通環境をはじめとする外部環境の変化によって促進されている。これに適応できない場合、生産者は生存に困難を来すことになる。

農産物流通と関連して、輸送機構の変化、予冷など保存技術の変化、選別包装技術の変化、情報の急速な進展など技術環境の変化は流通の高度化に大きく寄与している。農産物栽培団地から消費地まで容易に農産物を移動させる道路建設や道路舗装など社会間接資本の拡充、広幅車両・コンテナ・トレーラなどの大型輸送車量の増加、積み卸しを容易にするペレット輸送とリフトの普及拡大など輸送技術の発達は農産物の迅速な大量輸送を可能にし、物流効率を上げることに重要な役割を果たしている。

3 情報化

農産物流通に変化を与えている技術環境のなかで情報化の急速な進展も忘れることができない。一九六〇年代以後の数次にわたる経済開発計画の推進とセマウル事業、農村住宅改良事業など農村社会開発政策の実行により、農村電化が完了し、これに伴いTV、ラジオ、電話などが急速に普及した。最近ではパソコンがインターネットの拡大とともに急速に普及している。先進農家、農業技術センター、産地流通センターなどのホームページが開設され、インターネットによる電子商取引が広がっている。これにともない、農家が農産物取引情報を迅速に得ることが可能になるなど情報力が大きく増している。

4 食料消費の環境変化

食料消費の環境変化は、農産物および農産加工品の流通に大きな影響を及ぼしている。食料消費の変化により、食品の需要・供給構造が変化するためである。食料消費環境に影響を及ぼす要因は多様である。経済成長は食料消費の変化に大きな影響を及ぼす。所得が増加するにつれ、世帯の食料消費に対する支出は大きく変わる。所得が増加するに連れ、一定水準まで食品に対する消費支出は増加し、外食の増加にもつながる。食の外部化も所得の増加に影響を受ける。所得が増加するにつれ、主婦は料理と関連した家事労働を減らす代わりに、外食またはケータリング産業に依存することになる。

所得の増加により、食品の消費構造も変化することになる。家計の所得が少ない場合には、穀物中心の食事が主になる。所得が増加すれば穀物は野菜類、果実類、肉類、乳製品類などへと次第に代替される。所得の増加につれ、食品摂取量も増加し、食品の構成においても変化が現れ、栄養素別の摂取に著しい変化が現れる。炭水化物は減少し、動物性蛋白質と動物性脂肪は増加する。食生活の高級化現象が現れるのである。これは、農産物と農産加工品の生産および流通に影響を及ぼす重要な要素である。

また、世帯の構成員数は食品消費と密接な関係がある。大家族よりは核家族において外食が多用される。大家族では外食費の負担が大きいためである。大家族では家庭内での食事が、核家族では外食が経済的合理性をもつ。世帯主の年齢は家族構成員の食習慣の差を表している。年齢層により食品の消費パターンが異なり、世帯主が中年期である世帯は子供が幼い若年世帯や高齢世帯に比べて食品費の支出は旺盛となろう。女性の社会進出もまた、食生活の外部化につながる。また、都市化も食品消費の差を引き起こす。食品の消費で都市地域と農漁村地域間では大きな差が現れる。所得水準の差、高齢化、購買のアクセシビリティなどが影響を及ぼすためである。

以上、韓国の農業に変化を要求する対内的・対外的要因を整理した。韓国農業の構造変化に影響を及ぼす要因はその他にも無数に多い。このような環境変化は韓国農業の変化と革新、すなわち構造調整を加速化しているのである。

（3）江原道農業の実態

二〇一一年における江原道の地域内総生産（GRDP）は三〇兆二、八四九億ウォンで、全国総生産GDPの二・四％であり、全国ランクは下位圏にある。しかし、江原道の二〇一一年の農林漁業GRDPは一兆七、六六九億ウォンであり、全国の農林漁業GDPの六・二％を占めている（注14）。他の市道に対し、農林漁業が占める比重が高いといえる。

江原道の全体の面積は二〇一〇年基準で一六八万七、三八三ヘクタールであり、全国土面積の一六・八％を占めている。しかし、江原道は大部分が山林で占められており、耕地面積は全体の六・七％に過ぎない。耕地面積の比率が高い済州道（三二・一％）、忠清南道（二七・一％）、全羅北道（二五・三％）、全羅南道（二五・一％）などと比較すれば、江原道の耕地面積率が小さいことがわかる（注15）。また、中山間地を多く抱えることにより、江原道では稲作より畑作物の比重がより大きいことも特徴である。

また、耕地利用率は九五・四％であり、全国平均の一〇五・三％より低い。特に、東海岸地域を除いた嶺西地域は無霜期間が一五〇日内外と短く、耕地利用率が低くならざるをえない。また、こうした気象条件により、園芸などの施設農業では南部地域に比較してコスト中の暖房費の割合が高くならざるを得ない。作物別の栽培面積を見ると、稲作が三九・三％、麦類が〇・四％、雑穀が五・九％、豆類が一〇・二％、馬鈴薯が六・六％、野菜が二〇・一％、特用作物が四・三％、果樹が一・九％、施設作物が二・八％であり、稲作と豆類を中心とした主穀作物の比重が六二・四％で非常に大きく、相対的に野菜、果樹、施設作物の比率は低いといえる（注16）。江原道で栽培される作物は他の市道と比較して所得の高い野菜や果樹の比重は少なく、所得が低い雑穀、豆類、イモ類、特用作物の比重が大きいということができる。

3　江原道における先進農家の経営革新

シュンペーターの主張するように、革新の主体は生産者である。これまで、私たちは農業においても変化と革新が必要である理由を明らかにし、また、江原道農業の位置づけについても触れた。ここでは、以上の環境変化に対処するために江原道の先進農家が実践している農業経営の革新事例を紹介する。以下の農業経営の革新事例は、シュンペーターが提示した新しい商品の創出、新しい生産方法の開発、新しい市場の開拓、新しい原材料供給源の発掘、新しい組織の実現というキーワードに即している。

(1) 新しい商品の創出

供給は自ら需要を創り出す。セーの法則である。ひとまず供給が成立すれば需要は自然に生じるということである。需要より供給を重視する主張である。言い換えれば、生産者が中心となる市場を意味している。しかし、最近の重要な変化は生産者中心から消費者中心に市場が変化しているということである。そのため、4P

(Product：製品、Price：価格、Place：流通、Promotion：販売促進）よりも、４Ｃ（Customer Value：顧客価値、Cost to the Customer：顧客側の費用、Convenience：利便性、Communication：顧客とのコミュニケーション）が重視されるようになってきた。しかし、ここではシュンペーターの主張のように革新の主体である生産者の役割に注目する。

新しい商品の創出は新しい価値を創り出すことになる。アップルとサムスンがなかったとすれば、私たちはアイフォンとギャラクシーのような複合的な性能を持つ機器に接する機会さえなかったであろう。ここでは新しい商品開発に努力する江原道の農家を紹介する。

その事例は、横城郡隈川面のク・ウン食品である（注17）。その主体は典型的な家族経営農場であり、二〇〇三年に設立され、味噌、唐辛子味噌（コチュジャン）、醤油、納豆を専門的に生産している。農場設立時には五万九、五〇四坪の農地に大豆と唐辛子などを栽培した。しかし、ク・ウン食品の代表は大豆と唐辛子などの農作物は価格変動の影響を大きく受けるため、自ら栽培する農作物を利用して加工商品を開発することを決断した。

二〇〇二年の生産開始以降、味噌の評判が高まったが、顧客からの注文に対し醤油類を供給する生産設備が不足したため、供給に支障が生じた。これを改善するために二〇〇三年食品会社であるク・ウン食品を設立し、供給量を増加させていった。それにもかかわらず、現在でも醤油類の供給は依然として不足した状況にある。醤油類の材料はク・ウン食品が直営する水田と畑で直接栽培した原料と契約栽培による原料のみを使用している。農場が立地する地域は、空気と水などの環境が保全されており、清浄性が確保されており、伝統的な手法で高品質の醤油類を生産することが可能である。二〇〇三年以後は、消費者の多様なニーズを満たすために商品の多角化を試みた。その商品が黒ニンニク、玉ネギ汁、カボチャ汁、ザクロ汁などのフリーズドライ食品と飲料食品である。

ク・ウン食品は高品質性と清浄性を全面に出し、消費者からの継続的な信頼を得ている。この農場は、地域の各種行事への参加、専門飲食店での味噌試食会、インターネットを通した広報などの口コミを通じて販売を行っている。この過程で農場が重要視するのは顧客とのコミュニケーションである。生産者および販売者の真実性、信頼性、清潔さをアピールすることで顧客満足度の上昇をめざしている。醤油類の年間売上額は毎年増加している。二〇一〇年の売上額は約一億六千万ウォン程度となっている。

農場はこの間、伝統的で純粋な味を消費者に伝達しようしたが、保有する加工施設の不備や発酵室の改善などの問題、競争状況に対応する努力、高級化する消費者の志向を捉えるための技術開発、流通経路の改善、商品の包装などが至急解決しなければならない問題であった。このための資金も必要であった。新商品を開発し、新しい顧客を確保できれば十分な収益を得ることが可能となる。このために行われたのが、商品の多角化であり、その努力で開発された製品がまさに飲料品であった。商品の多角化は消費者の商品選択の幅を拡大し農場の売り上げを増加させることに寄与する。ただし、多角化の努力が場合によっては農場の専門性、伝統性を希薄化させるという憂慮もある。このために、農場では商品選択とマーケティング戦略に慎重を期している。

(2) 新しい生産方法の開発

新しい生産方法は、生産技術または生産管理を意味する。生産技術というのは一言でいうと付加価値創出にある。この概念は農業生産者が市場または顧客が願う農産物を生産するために特定の資源を投じて農業経営体の価値を創り出そうとする体系的な生産活動の実行を意味する（注18）。以下、付加価値創出のために努力する代表的な先進農家を紹介しよう。

その第一の事例は、華川郡看東面のソラ農園である（注19）。この農園は稲作と畑作を同時に始め、徐々に雑穀生産を拡大している。これとともに、付加価値作物としてカボチャ、オタカラコウ、稲の育苗、樹木の育苗を導入している。この農園の成功要因として高品質な作物栽培技術の開発、差別化された顧客管理、確固とした農業哲学、そして徹底した自己管理をあげることができる。

この農園は二〇〇二年には搗精工場を創業し、二〇〇六年には雨除けハウス六、六一一坪を設置し、二〇一〇年にはオタカラコウなど山菜類栽培と育苗・良苗栽培を開始している。多様な作物を生産するのは、多品種少量生産により品質および商品の交替を可能にし、高価格を実現するための戦略である。搗精工場の場合には、小規模農家毎に品質の差異があるため、集荷先別に区分を行って、優秀な高品質の米に分類して高所得の消費者に高値で販売している。

カボチャとオタカラコウなど山菜類は都市住民を顧客対象に想定し、購買率を高めるための戦略として特定の客層に直接、試食品を提供している。カボチャは保温材をかぶせて固定顧客に高価で出荷し、価格が暴落する時は卸売商や可楽洞市場および九里市場に販売せず、農園でカボチャの切干に加工して、京東市場に直取引で販売している。オタカラコウについては山地での栽培風景の写真および動画を製作し、消費者に直接情報を提供する方法での信頼度を高め、顧客が直接採取できる機会を付与して販売を誘導している。

このような活動が顧客に口コミで広がり、次第に売上が増加している。この農園は専門化された農園としての実績を作るために高品質作物の供給を通じた顧客階層の差別化と顧客満足度を高めるためのマーケティング戦略を採用している。このために、差別化された加工食品を開発するための研究・開発に取り組んでいる。

第二の事例は、寧越郡水周面のハナルム農園である（注20）。この農園の主要作物はユリであり、付加価値作物はトウモロコシである。安ジェヨン代表が、地域の農家の貧困問題を解決するために模索し、ユリ農業が高付加価値を創出できるとの判断で地域の若い農家を組織化したのが農園の由来である。

この農園の成功要因としては、研究開発の精神、差別化された作物開発、流通および取引方法の調整、効率的な経営管理をあげることができる。〇・五ヘクタールの規模で農園を開始し、一九九三年から二〇〇七年までは一般の草花農家が栽培する日本産オーガストユリなどを生産した。この間に、ユリを差別化するための品種改良が行われた。この結果、二〇〇八年に一〇年間の努力により自主開発した「斗山ユリ」を国立種子院に品種登録することになる。以後、オーガスト、ライジャン、オリエンタルなどの既存品種の栽培を中止し、自主開発した「斗山ユリ」に特化して栽培を開始した。

「斗山ユリ」のみを専門的に栽培することで、集中化による品質向上のみではなく、競争力の強化にもつながり、高所得を得ることができるようになった。特に、種子を自己更新することでコストに占める種子代を節約することができた。安代表は「斗山ユリ」の育種の功労を認められ、第四回大韓民国優秀品種大会で大賞である大統領賞を受賞している。

この農園の初期の販売方法は良才洞にあるユリ共同販売店を中心にした出荷であった。二〇〇八年からは国内販売を縮小して、大部分を日本向けに輸出している。これ以来、農園の売上げが急増し、二〇一〇年には経営規模一ヘクタールで年間三億ウォンの売り上げを記録している。

この農園の成功要因をまとめてみると、以下の通りである。この農園ではユリをビニールハウスで栽培する特性上現れる塩類集積とEC（肥料濃度）上昇を抑制するために、副産物堆肥の施用と土壌の消毒を行っている。また、他の農家との差別化のための自主品種の開発と、海外展開のための日本とオランダでの品種登録とそれに基づく輸出の拡大を実現している。現在のマーケティング戦略は輸出規格に該当する七〇％を日本に輸出し、残りは良才洞の草花共同販売所、京釜線ターミナル花商店街、釜山の草花共同販売所などに系統出荷する戦略である。

（3）新しい原材料供給源の発掘

豚肉は韓国人が低価格で消費できる肉類の一つである。この豚肉の差別化のために五葉松の香りが漂う機能性豚肉を開発し、韓国の在来種である黒豚を商品化して食品業界に新しい原材料を供給するのが（株）韓国フードシステムである（注21）。この会社は一九九三年三月に春川市で設立され、食肉・加工業を専門としている。この会社で生産される主要製品は豚肉で、ニューフォーク、サンウリ黒豚、ザシラフォークなどのブランドを保有している。

会社設立の初期には春川市、麟蹄郡、華川郡における豚肉の軍納指定委託業が中心であったが、二〇〇二年には現代デパート・（株）韓国物流ならびに流通業者である（株）味庭と原料肉の納品契約を締結し、江原道が指定する「サンウリ黒豚」加工および流通専門業者に指定されている。引き続き二〇〇三年には、（株）ハンファマートとストアの納品契約を締結し、二〇〇四年には江原道の認証である「青い江原マーク」を取得している。さらに、二〇〇四年にはロッテスーパー・現代デパートへの入店、「ザシラフォークブランド」の発売、江原道で最初の農林部HACCPの認証を受けるなど会社の販売網は急成長をみせる。また、二〇〇四年には江原大学と華川郡との共同による農林技術開発プロジェクトに参加し、技術開発を開始している。二〇〇五年にはイーマートに入店し、また、江原道の優秀中小企業に選定され、「江原道品質認証マーク」を獲得している。

「ザシラフォーク」はこの会社が華川郡と共同で発売した機能性ブランド豚肉であり、松の実を粉砕した後、育成後期の飼料に添加して生産された豚肉である。この飼料添加を通じて、多様な松の実の効能を豚に添加した機能性の豚肉である。松の実には適量の胆汁酸を分泌してコレステロールを低下させる作用を有する成分が含まれ、オメガ・三脂肪酸（ＤＨＡ、ＥＰＡ）が含まれる不飽和脂肪酸である植物性脂肪は骨形成促進と心臓病予防機能があると分析されている。「ザシラフォーク」は一般豚肉と比較して同一条件で保存期間が長く、酸敗度も低い。この添加剤には天然環境改善の機能もあり、糞尿の悪臭除去効果にも優れている。

「サンウリ黒豚」は、江原道の代表ブランドであり、畜産技術研究所から譲渡された優秀な種豚を選抜して飼育している。清浄な江原道において、きれいな水、澄んだ空気の中で飼育され、肉色と肉質が優秀で脂肪組織がよく調和した高品質豚肉である。品質が均一化され、衛生的に生産・供給されるので、安心して入手しうる江原道の代表的な食品である。「ニューフォーク」は江原道の清浄地域の農場で生産され、江原道の食肉加工場で処理された純粋江原道産の豚肉であり、今後種豚、飼料、個体管理を通した江原道最高のブランドとして育成する計画である。

二〇一二年において、この会社は取引先として農業協同組合・畜産協同組合、学校および公共機関の給食納品、軍納などに重点を置いている。一方、この会社は卸売・小売販売を強化するために法人を分離し、肉類販売場を兼ねた精肉食堂運営を行っており、本社で直営する第一号店とは別に二号店を運営している。この会社は春川と華川にそれぞれ加工工場を置いており、二〇一二年度の売上額は一四七億ウォンとなっている。

(4) 新しい組織の出現

韓国における農産物の流通チャネルは最近になって急激な変化を迎えている。このような急激なチャネルの変化は小売部門で起こっている。大型割引マートとSSM(Super Super Market)の登場がこのような消費部門での変化を主導している。大型割引マートはデパートと同じように農産物を目玉商品として取り扱っている。大型割引マートの立場からは農産物を安売りし、これを集客の手段として消費者に他の商品の購入を図る戦略である。全世界的にはウォルマートに代表される大型割引マートのワンストップショッピング戦略がそれである。農産物の流通におけるこうした大型割引マートの比重が次第に増加することによって、価格交渉力は農家でなくこれら大型割引マートが持つように変化してきた。

一方では、農業生産における新技術の導入も農業生産の重要な要素になってきた。自給生産中心の農業では農業生産の高い技術力がなくとも生産が可能であった。しかし、少しずつ生産単位が拡大し、これにともなって専業農家が登場すると、農業生産は以前の生産とは全く違う生産方式を要求されるようになった。農業は単純な農作業に終始するのではなく、先端科学と新技術が接続する新しい生産方式として注目されるようになったのである。

このように大型割引店に対する農家の取引交渉力の確保と新技術を導入するための努力が先進農家を中心に行われている。こうした農家が結集し、新技術に関する情報を共有し、一方では共同出荷または共同選別など取引交渉力を備えるための努力を続けている。

このような変革のための組織の一つが春川園芸作物研究会である(注22)。この研究会は二〇〇七年一二月に設立され、春川市においてミニトマトを栽培する農家が農業情報の交流と所得増進をめざして設立した農家の交流団体である。設立初期の加入農家数は七三農家であったが、現在の加入農家数は四九農家である。研究会は現在、スアール研究チーム、官費研究チーム、培地研究チーム、親環境研究チーム、機能性研究チーム、特化研究チームなど六つの研究チームで構成されている。研究会メンバーが出荷するトマトの主な販売先はソウル市の可楽洞農産物卸売市場と永登浦の委託商である。研究会の運営は会員が納入する自助金で運営され、当初は出荷金額の一％であったが、二〇一二年からは二％に引き上げられている。

この研究会では、ミニトマトの品質管理基準を春川市農産物ブランドである「スアール」（注23）の基準と同一に置いている。研究会会員の総売上量および売上額は全体として研究会の設立以前より一・五倍以上に増加している。所得に関しては回答が得られなかったが、研究会設立以前の農家の年平均農業所得は六、〇〇〇万ウォン程度であったが、現在は年平均自助金だけで二二〇万ウォンに上っており、これを割り返すと一億一、〇〇〇万ウォンとなる。研究会では現在の六つの研究チームの機能をより一層活性化させ、研究会員のみならず地域の農家の支援を行うような機能を目指している。研究会の李代表は農業技術院、農業振興庁、大学などの技術普及は農家の実情にマッチしない点があることを率直に指摘する。新技術の面では先進農家が先端を走っていると主張する。こうしたリーダーは今後の江原道農業の発展のために不可欠な存在であり、その育成が求められているのである。

4　おわりに

時間の経過とともに、世界の経済体制はより一層急速に変化を示すと考えられる。こうした世界的な変化は不可逆的であり、その変化に適切に対応が可能であるかどうかが窮極的には一国の経済あるいは産業分野の存亡に決定的な影響を及ぼすであろう。韓国の農業、なかんずく江原道の農業がこのような変化に積極的に対処し、成長しうる方策を絶えず摸索していかなければならない。そして、こうした努力を地方政府、行政、道民、農業者、学界、研究機関が手を取り合って粘り強く進めて行かなければならない。

注

(1)『ネイバー知識百科事典』による。
(2)『ネイバー国語事典』による。
(3)吉川洋［二〇〇八］六一ページ。
(4)吉川洋［二〇〇八］六二〜六三ページ。
(5)朴恩泰編『経済学事典』二〇一一を『ネイバー知識百科事典』から再引用。
(6)吉川洋［二〇〇八］六三〜六四ページ。
(7)ブラジル、アルゼンチン、ウルグアイ、パラグアイの南米四カ国が一九九五年から貿易障壁を全面撤廃した南米共通市場のこと。『ネイバー知識百科事典』による。
(8)外交通商部自由貿易協定ホームページによる。
(9)関税庁ホームページ、輸出入貿易統計による。
(10)農林水産食品主要統計（各年度）による。

(11)農林水産食品主要統計（各年度）による。
(12)『家畜統計』による。
(13)同右。
(14)統計庁ホームページによる。
(15)『農林水産食品統計年報』二〇一一による。
(16)『農林統計年報』二〇〇六による。
(17)江原道農業技術院［二〇一一］三一～三五ページ。
(18)同右、六ページ。
(19)同右、一四～二〇ページ。
(20)同右、二一～二六ページ。
(21)韓国フードシステムのガ・チョンウン常務からのインタビューによる（二〇一三年二月二日～六日）。
(22)李ベグン代表からのインタビューによる（二〇一三年二月二六日）。
(23)春川市の農産物ブランド。

【参考文献】

(1)江原道農業技術院『強小農優秀農業経営体農業経営の知恵』二〇一一
(2)『輸出入貿易統計』関税庁ホームページ
(3)『家畜統計』国立農産物品質管理院ホームページ
(4)『ネイバー知識百科事典』
(5)農林部『農林統計年報』二〇〇六
(6)『農林水産食品主要統計』各年度
(7)農林水産食品部『農林水産食品統計年報』二〇一一
(8)韓国農水産食品流通公社『農産物貿易情報』

(9)外交通商部自由貿易協定ホームページ
(10)吉川洋著・申賢浩訳『ケインズ：シュンペータ、新しい提案』新しい提案出版社、二〇〇八（吉川洋『いまこそ、ケインズとシュンペーターに学べ』ダイヤモンド社、二〇〇九）
(11)中央日報「競争がキムヨナを育てたように—経済韓流を見せる機会—」二〇一一年一一月二四日
(12)統計庁ホームページ
(13)韓国貿易協会ホームページ
(14)韓国銀行経済統計システム

第4章　北海道における新規参入支援の現段階

柳村俊介・山内庸平・棚橋知春

1　農業の担い手政策と新規参入の課題

(1) 農業の担い手の二側面 ―「経営」と「人」―

水田作に代表される日本の土地利用型農業については、その担い手の育成・確保が最も重要な課題と考えられてきた。このような認識は、装いを変えながら過去、幾度も繰り返されてきたが、ＷＴＯ体制の下での農業保護政策の組み替え、戦後日本農業を支えてきた昭和一ケタ世代のリタイヤーの開始といった重大な与件変動が生じた一九九〇年代以降、土地利用型農業の担い手問題に対する政策的関心はとみに高まった。

ここで、担い手問題が二つの側面から捉えられる点に注意したい。ひとつは「経営」の側面であり、この側面からみた土地利用型農業の担い手の育成・確保は、経営規模の零細性に集約される構造問題の解決と同義である。もうひとつは農業経営に携わる「人」に関する側面であり、新規就農問題がその中心部分をなす。このような「経営」と「人」の二つの側面に留意しながら、一九九〇年代以降に強まった担い手問題に対する政策的関心がどのような内容であったのかを振り返ってみたい。

一九九二年の「新政策」以降、土地利用型農業の担い手に関する政策は、曲折を経ながらも、担い手経営への農地集積と経営安定対策によって骨格を固められ、今日もその基本は変わっていない。構造問題を抱える土地利用型農業では、「効率的かつ安定的な農業経営」の確立が第一義的な課題とされ、昭和一ケタ世代のリタイヤーについても、「人」の減少や高齢化への懸念よりも、むしろ構造改革を加速する契機として捉える傾向が強かった。

「人」に関する政策側の関心が払われてこなかったというのではない。一九九五年の「青年等の就農促進のための資金の貸付け等に関する特別措置法」によって開始された就農支援資金制度は、現在も新規就農支援対策において重要な位置づけをもち、この制度を運用するために設置された都道府県青年農業者等育成センターは新規就農に関する相談窓口として定着した。その後一九九九年に制定された食料・農業・農村基本法でも、第二五条に「人材の育成及び確保」が位置づけられ、新規就農支援対策の拡充が期待された。しかし、「人」に関する政策が「経営」に関する政策と並行して展開するというよりも、新規就農者を確保するための前提条件としての構造改革という文脈に沿って、「人」と「経営」の関係を認識する傾向が強かった。就農支援資金制度でも就農計画の認定という手続きをとることになっており、「経営」政策の要素が盛り込まれた。

「経営」政策の重視を端的に示すのが一九九二年の「新政策」である。他産業並みの年間労働時間一、八〇〇～二、〇〇〇時間、他産業従事者とそん色のない生涯所得二億円～二億五千万円を実現する経営として、一〇～二〇ヘクタールの個別・稲作経営を想定し、それを一〇年程度で育成するという目標が掲げられた。ここでは労働時間と生涯所得の目標達成が「人」の確保に必要な条件とされている。また、二〇〇七年度に開始された品目横断的経営安定対策では、政策対象となる集落営農組織の要件として、「二〇ヘクタール以上の経営規模」「経理の一元化」「農業生産法人化計画の作成」等と並び「主たる従事者の所得目標の設定」がおかれた。労働時間の要素は消えているが、やはり、所得目標を実現しうる「経営」の確立によって主たる従事者＝「人」を確保しようとする政策の意図が見て取れる。このように、所得目標の実現を媒介として「経営」の確立が「人」の確保に結びつくという認識を政策側は有していた。地域農業の現場でもこの認識は広く受け入れられたとみてよいだろう。

(2)「経営」の確立と「人」の確保

「経営」の確立→所得目標の実現→「人」の確保という論理はいたって正当である。しかし翻って、「人」の確保という命題は「経営」の確立によって達成されると考えられるだろうか。

図4・1に経営耕地面積規模別に農業後継者がいる販売農家の割合を示した。これによると、経営耕地面積が大きくなるにつれて農業後継者を確保している販売農家の割合は高くなる。ただし、最下層の一ヘクタール未満で五四％、最上層の三〇ヘクタール以上で六二％と、規模による差は大きくない。農業後継者の中には自家農業に従事しない者も含まれるので、農業志向が強いとみられる「自家農業のみに従事」「主として自家農業に従事」（いずれも同居農業後継者）を合わせた割合をみると、一ヘクタール未満で五％、三〇ヘクタール以上では二二％と開差が広がるが、三〇ヘクタール以上でも四分の一に届かない。経営規模と農業後継者確保割合の相関関係は確認できるものの、それは「人」の確保という政策命題の達成を左右するほどの強い規定力をもつもので

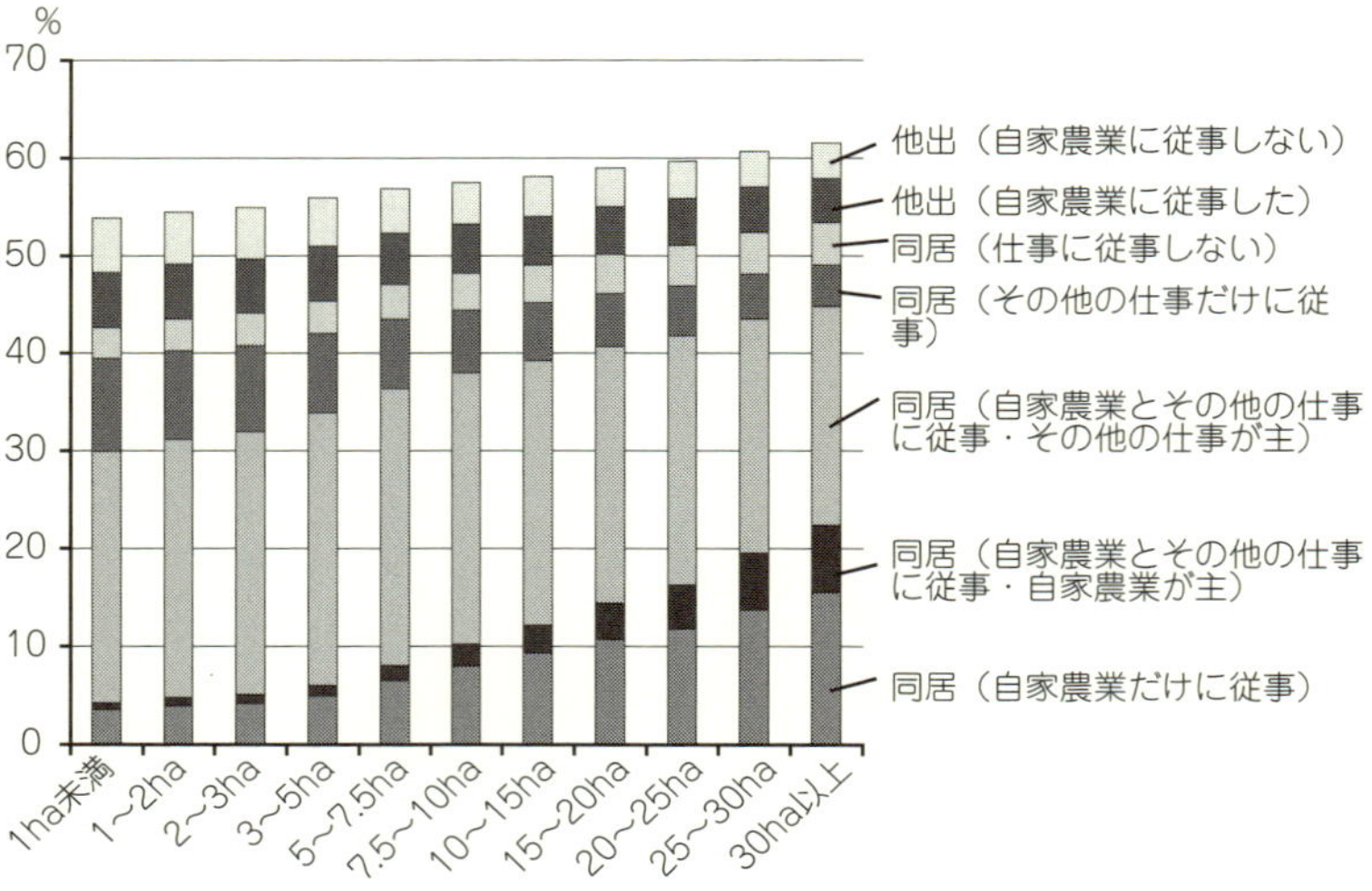

出所：「2005 年農業センサス」

図 4·1　経営耕地面積規模別にみた農業後継者がいる販売農家の割合（都府県、2005 年）

はない。

そこで、「経営」の確立が就農者確保につながるのを待つのではなく、所得補填によって就農者の確保を目指す就農支援政策、つまり「人」に関する独自の政策が求められる。就農支援政策のスタートは前述した就農支援資金制度の創設によって切られたが、これは無利子資金の融資であり、対象期間も研修から営農開始時点までに留まっていた。これに対し、二〇〇八年度から開始された「農の雇用事業」は被雇就農者等に対する所得補填に道を開いた。さらに、二〇一二年度から開始された青年就農給付金制度は二年間の研修と就農後五年までの期間をカバーする所得補填政策である。このような就農支援政策の拡充が広範な就農者の確保に結びつくことが期待される。

「経営」に関する政策と「人」に関する政策は、双方を組み合わせるのが効果的である。**図4・2**を用いてこのことを説明しよう。

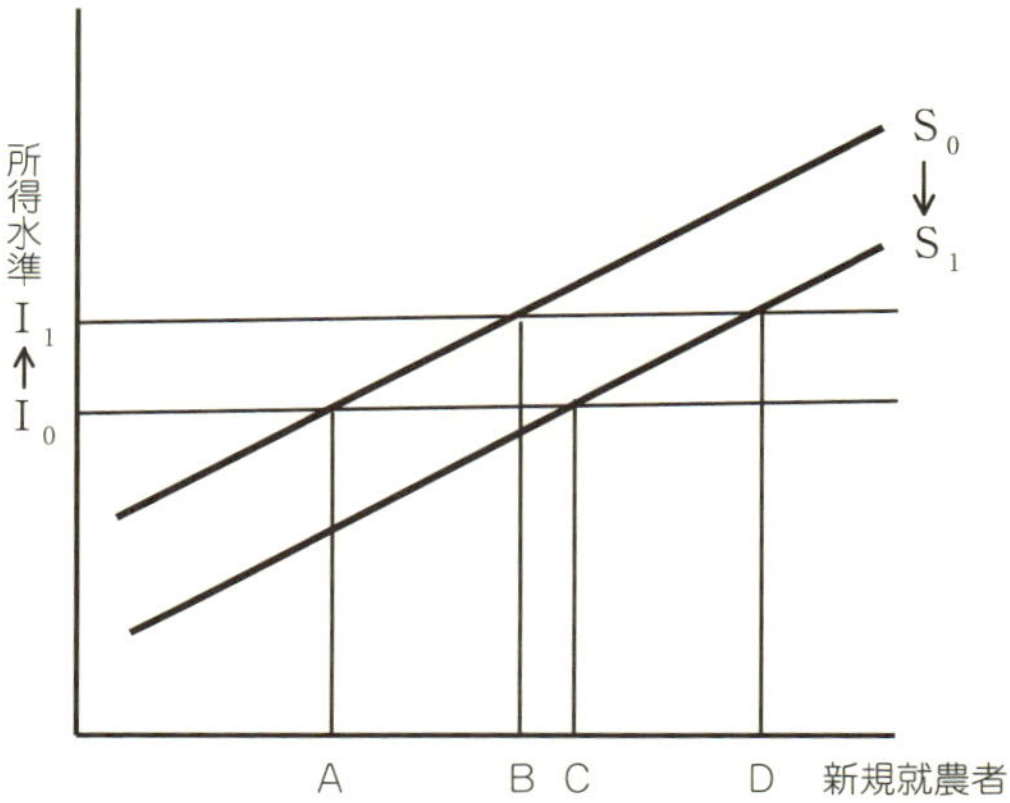

図4･2　新規就農者の供給曲線と所得水準

新規就農者の供給曲線S_0が与えられているとすると、所得水準がI_0の場合、就農者数はAになる。「経営」の確立によって所得水準がI_1に上昇すると、就農者数はBに増加する。また、所得水準が同じでも、新規就農に対する支援対策によって供給曲線がS_0からS_1に下方にシフトすると、就農者数はCになる(注1)。さらに就農者数がDとなるのは、所得水準の向上と就農支援対策が同時に実現する場合である。

(3)「経営」と「人」の結合障害

ところで、以上述べたことは所得水準という農業経営のフローの次元での問題である。他方、農業経営のストックをめぐることがらが別次元の問題として存在する。具体的には、経営規模が大きくなり経営資源の量が増すにつれて、新規就農者への受け渡しが困難になることが予想される。経営資源は無形資源と有形資源に分けることができるが、受け渡しの困難はいずれについても指摘される。

一九九〇年代以降の政策は次世代に引き継ぐべき「経営」の確立に力を入れてきた。そして近年になり、「人」の確保に向けた独自の対策が講じられるようになった。農業経営のフローを考えると規模拡大は新規就農者の増加につながるが、ここで新たな問題が生じる。ストックの面からは規模拡大に伴い経営資源の受け渡しの困難が増すのである。

経営資源の受け渡しとは「経営」と「人」の再結合を意味するもので、欧米諸国の農業経営が共通に抱える問題でもある（注2）。経営政策のあと押しを受けて既存の農業者が漸次的に規模拡大を実現することはできても、そのように形成された大規模経営を次の世代に引き継ぐことは簡単ではない。

経営資源の受け渡しに関する困難は、家業継承の伝統をもつ農家内部でも回避できず、経営継承に向けた適切な方法を模索する必要が生じている。例えば、経営規模の拡大に伴い、無形資源・有形資源の受け渡しに中小企業並みの事業継承対策を迫られるケースが現れている（注3）。また、農家における家族関係の変化が経営継承の困難を増す原因になっている。①独身の後継者②親と別居する後継者③農業以外の仕事をもつ（後継者の）配偶者④育児を終えてから農業への従事を始める女性等がそれぞれ増加していること、⑤遺産分割請求が行われるケースが増え単独相続慣行に揺らぎがみられることなどが挙げられるが、これらに対し、家族内部のコミュニケーションの改善、家族経営協定の締結、法人設立等によって経営継承を円滑にする対応が求められている。

このように農家の親子間でも経営継承の方法の修正を迫られているが、経営資源の受け渡しの困難は、農家の親子間に比べて、非血縁者間つまり新規参入の方がはるかに大きい。しかし、**図4・1**に示したように、本格的な就農志向をもつ農業後継者を確保している農家は三〇ヘクタール以上層でも少数とみられ、新規参入者への経営資源の引き渡しは我が国の土地利用型農業にとって避けて通ることができない課題である。

（4）北海道における新規参入の取り組み

1 経営資源の受け渡しが新規参入の最大の課題

この問題にいち早く直面したのが北海道農業である。二〇〇五年では農業後継者がいる販売農家の割合は都府県が五五・四％（うち同居農業後継者四四・八％）に対し北海道は二四・六％（同二一・一％）、二〇一〇年ではそれぞれ六〇・二％（同四一・九％）と三一・四％（同二四・三％）である。北海道では「自家農業だけに従事」「主に自家農業に従事」の同居農業後継者の割合は高いが、農業後継者の確保割合自体が低い。農家子弟だけでは地域農業の世代交代を果たすことができないので、北海道、市町村、ＪＡ、北海道農業開発公社等によって新規参入支援対策が懸命に取り組まれてきた。北海道農政部によると、二〇〇二〜一一年の一〇年間における新規就農者数は六、六八〇人だが、そのうち新規参入者は七二〇人（一〇・八％）を占める（注4）。新規参入者は例外的な存在ではなく、新規就農者の不可欠な要素となっている。

他方、都府県に比べて農業経営規模が大きく、かつ離農に際して農地等の固定資産の売却処分を希望する農業者が多いことから、新規参入者は多額の資金調達を迫られる。また、財務の安定性を早期に実現し経営破綻に陥るリスクを低減する意味からも、経営の運営に関する知識・能力や生産の技術といった無形の経営資源を営農開始時に高いレベルで取得していることが求められる（注5）。

2 新規参入方法の模索

新規参入者が抱える困難に対し、道内各地でさまざまな取り組みが行われている。市町村やＪＡの支援メ

表4·1　自治体・農協による新規参入支援

無形資源の取得に関する支援	・支援団体がもつ研修農場において基礎的な技術・経営研修の機会を提供 ・農業者による研修指導を受ける機会を提供 ・道立農業大学校における研修受講機会の提供 ・研修期間中の宿舎の提供ないし家賃助成 ・研修期間中の手当支給 ・研修先の農業者への手当支給・費用弁償
有形資源の取得に関する支援	・就農地の斡旋 ・農地等の固定資産の取得に対して一定範囲内で助成 ・固定資産の取得に際する借入金利子の支払いに対して一定期間助成 ・農地等の賃借料の支払いに対して一定期間、一定範囲内で助成 ・固定資産税の納税を一定期間軽減ないし免除
営農開始後の生活・経営に関する支援	・住宅の取得・改修に対する助成 ・営農開始後、一定期間、経営・生活の安定化のための助成

表4·2　新規参入経営の諸タイプ

<table>
<tr><td colspan="2" rowspan="2"></td><td colspan="2">農業経営の固定資産</td></tr>
<tr><td>小資産</td><td>大資産</td></tr>
<tr><td rowspan="2">農業経営の方式</td><td>定　型</td><td>A</td><td>B</td></tr>
<tr><td>非定型</td><td>C</td><td>D</td></tr>
</table>

ニューには**表４・１**に示したようなものがあるが、これらの組み合わせ方は地域によって異なる。その根幹には、各地域における新規参入者の受け入れ姿勢および育成しようとする農業経営の違いがある。それは以下のように整理することができる（**表４・２**）。

一つは、新規参入者が営む農業経営の固定資産の規模であり、「小資産」の例としては施設野菜や花きがあげられる。固定資産が比較的小さく、初期投資を抑えることが可能である。土地利用型農業は一般に固定資産が大きくなり、乳牛・畜舎・施設が加わる酪農では特に「大資産」になる傾向が強い。ただし、土地利用型でも作業委託や農地・機械・施設のリース等によって「小資産」に近づけることは可能であり、地価水準の高い地域では借地による「小資産」型の新規参入を実現する動きが現れている。

もう一つは、経営方式の定型性である。新規参入者の経営方式を定型的なものにすると、それに合わせて就農前の研修内容を整え、営農開始時の農地調達・資金調達、さらに営農活動（生産資材の調達、生産技術、販売先、資金対応、生産・経営管理）を予定することができる。新規参入者の経営を標準的なそれに近づけることによって、経営破綻に陥るリスクを下げる取組みが可能になる。定型化に向けた対応は施設野菜や花き等で取り組みやすいが、酪農地帯でも研修牧場での技術研修を経て農場リース制度を用いた農場の創設をはかるというように、定型化によるリスク軽減を目指す動きがみられる。

もちろん、このような定型化への対応をとることができない地域も多い。定型化への対応は作目を限定しなければならないが、作目構成が多様な地域においてそれは難しいし、複数の作目を抱える複合経営についても同様である。

初期投資が大きくなると新規参入者が経営破綻に陥るリスクが高まり、それを軽減するためには有形資産の取得に関わる財政的支援が必要になる。これに対して、初期投資が比較的少なくて済む施設野菜や花き、借地型の農業経営等では、経営破綻リスクが小さいので、経済的支援はそれほど大きくならない。

総じて言えば、自治体や農協による大きな支援が必要になるのは、**表4・2**に示した［B：大資産＋定型］の組み合わせであり、酪農地帯の一部がその典型をなす。一件当たりの支援が大きくなるので、支援件数が絞られる傾向を示す。逆に、支援が小さくて済むのが［C：小資産＋非定型］の組み合わせである。一件当たりの支援が小さいので、支援件数を増やすことが可能になる。

また、経営破綻リスクを最も小さくすることができるのは［A：小資産＋定型］の組み合わせであり、施設野菜や花きが該当する。他方、経営破綻リスクが大きくなるのは［D：大資産＋非定型］の組み合わせである。この場合、経営破綻リスクが過大にならないようにするためには、有形・無形の経営資源を一体的に受け渡す第三者継承の方法が考えられるが、第三者継承では移譲者と継承者の関係が崩れて経営継承自体が失敗するリスクが生じるので、これへの対応が求められる。後継者が不在の農家が新規参入者希望者の受入組織をつくり、第三者継承を推進する取り組み事例が注目されている（注6）。

以上のように、新規参入者への経営資源の受け渡しという難題に対する取り組みが北海道各地で行われている。新規参入の方法が確立するにはなお時間を要すると思われるが、「経営」の確立と「人」の確保に加え、「経営」と「人」の結合障害が解消されるならば、新規参入による土地利用型農業発展の展望が大きく切り開かれるであろう。

2　酪農の新規参入支援の新動向

北海道における新規農業参入の取り組みを概観したが、以下では、近年における注目すべき取り組みを取り上げる。

（1）酪農の新規参入支援の新動向

一九七〇年以降の北海道における新規農業参入者を作目別に見た場合、人数が最も多いのは酪農であり、最近でも野菜に次ぐ割合を占めている（図4・3）。酪農は北海道における新規農業参入の代表的な作目であり、生乳生産量の維持・拡大、牧草地をはじめとする農業資源の保全、廃業する酪農家の経営資産保全と負債処理等を意図して、比較的早い時期から新規農業参入に対する支援活動が取り組まれてきた。一九八二年から開始された北

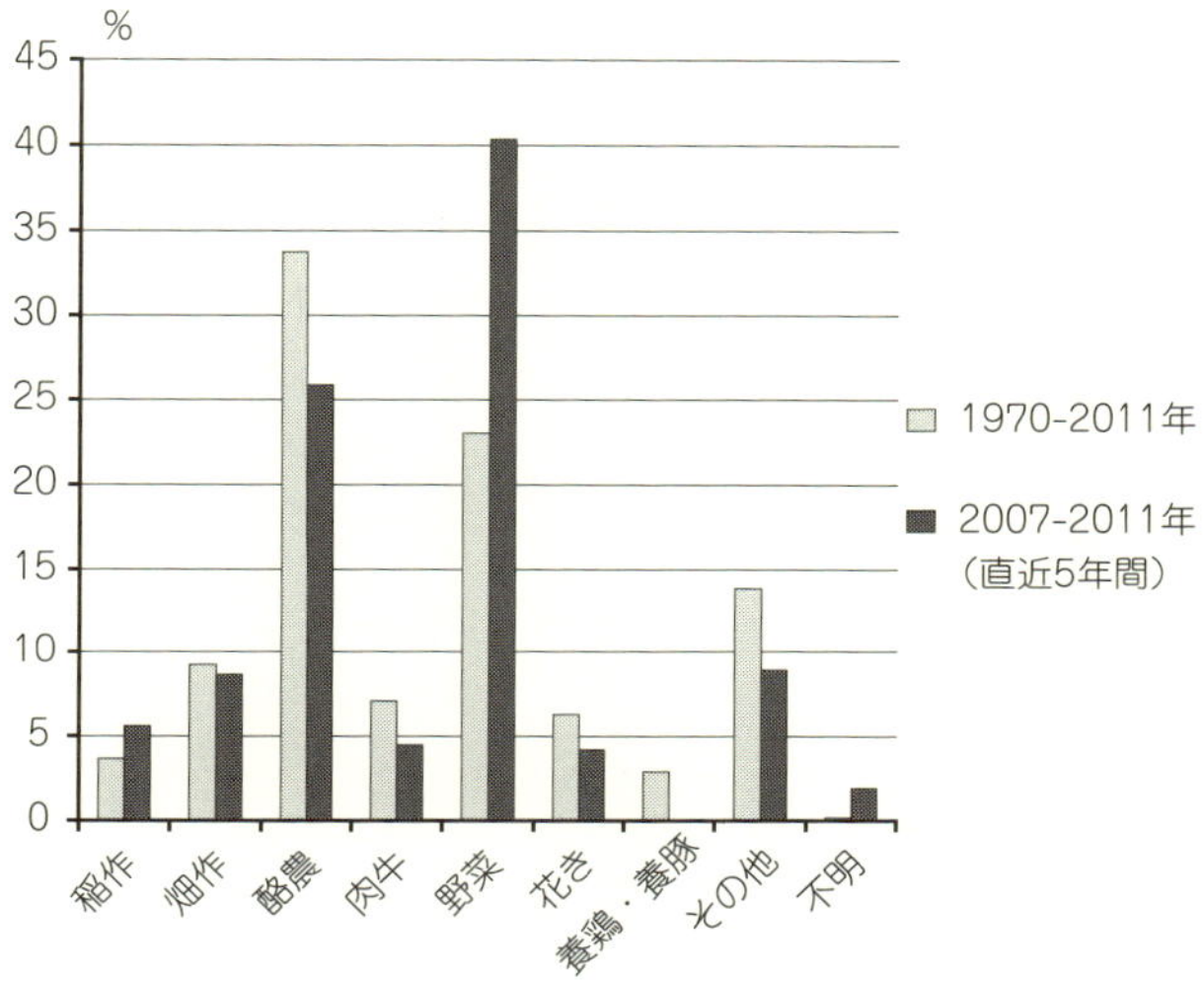

資料：北海道農政部「新規就農者実態調査結果」による。

図4･3　経営形態別にみた新規参入者の割合（北海道）

海道農業開発公社による農場リース事業（注7）に加え、酪農地帯に位置する市町村や農協の多くが独自の支援対策を講じてきた。

現在も新規参入支援の新たな方式が模索されている。以下では、酪農地帯における経営破綻リスクの軽減に向けた取り組みを二つ紹介する。

ひとつは農協出資法人による分場方式であり、通常の研修の上に分場での研修を重ねるものである。前述の新規参入の類型に即すと［大資産＋定型］を補強する方式として位置づけられる。分場での研修は模擬的な経営実践であり、経営が軌道にのる見通しが付いた時点で独立させる。施設野菜の新規参入支援で採用されている方法だが、これが酪農にも広がりつつある。

もうひとつは酪農家グループによる第三者継承の取り組みである。［大資産＋定型］の新規参入は支援側の多大な財政的負担を伴う。そこで有形資産と無形資産を一体的に継承する第三者継承によって経営破綻リスクの軽減をはかることが考えられるが、この方法は移譲者と継承者の信頼関係が基礎となるので、信頼関係にひびが入ると経営継承自体が失敗する危険性がある。ここで紹介するのは、後継者不在の酪農家グループが、組織的に第三者継承を取り組むことによって経営継承の失敗リスクを低下させる取り組みである。〔大資産＋非定型〕を補強する取り組みと言える。

（2）農協出資法人による分場方式 ―〔大資産＋定型〕の補強―

釧路地方の浜中町における新規参入は、一九八二年から始まった北海道農業開発公社のリース事業を利用したものである。同町では一九八三年より二〇一一年まで継続的に三一組の新規参入者が就農しているが、リース事業に加えて、町独自の就農支援システムの構築に取り組んできた。一つは新規参入者のトレーニング施設である浜中町就農研修牧場の設立、もう一つは新規参入者に対して財政支援措置を講ずることを謳った浜中町新規就農者誘致条例の施行である。研修牧場は原則三年の研修で農作業未経験者でも経営できる技術を身につけさせることを目的としたもので、現在まで一一組の新規参入者が研修牧場の研修を経て就農している。ただし、研修牧場で研修をする以外にも農家実習とヘルパーで農作業経験を積んで就農するルートも確保されており、農協がそれら研修生の状況を把握し、キャリアや年齢を考慮して就農順が決められている（図４・４）。

浜中町の新規参入支援システムは過去二〇年以上にわたって新規参入者を定着させてきた実績を持つが、農協は今後、新規参入のペースを離農者の数が上回ると予想している。耕作放棄地の発生防止や畜舎・構築物の効率的利活用にとどまらず、地域の維持・存続を目的に新規参入を進めなければならない局面を迎えている。そこで浜中町では「分場方式」による新たな取り組みをスタートさせた。

「分場方式」とは、研修牧場が合理化事業を利用して取得した農場で研修生に実質的に営農させ、将来的にそ

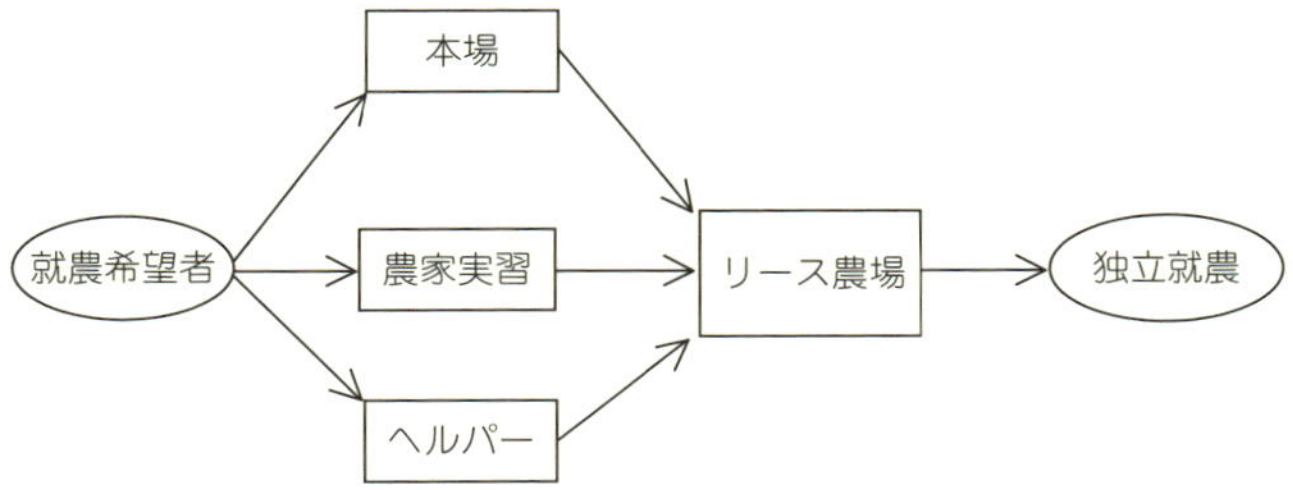

資料：浜中町農協提供資料より作成。

図4・4　浜中町における新規参入者の就農ルート（模式図）

の農場を取得、独立させるというものである。その際、前経営の乳牛は全て売却され、研修牧場から新たに乳牛を賃貸することになる。また、施設の老朽化の程度によって若干の改修がおこなわれる。

研修牧場は、農場リース事業の事業枠を超えて研修生の新規参入を進める「分場方式」を想定し、その機能の拡充を進めてきた。二〇〇五年に研修牧場が法人（有限会社）化したことで離農跡地の取得が可能となり、その年の二〇〇五年に姉別第一牧場、二〇〇七年に東円分場と浜中第二牧場を取得、分場化し、本場とあわせて経営している（**図4・5**）。

研修機能としての「分場方式」の特徴として考えられるのは以下の点である。

第一に、分場ごとに別会計をおこなっているために、研修生が独立して経営を続けていけるかどうかを客観的に判断することができる点である。東円分場、浜中第二牧場が独立を決めているのに対して、姉別第一牧場は安定した結果が出るまで独立が保留されている。

しかしながら、第二に、各分場で赤字を計上しても、研修牧場全体で連結決済をすることで分場の赤字が補填されるため、分場の赤字を研修生が直接負担することにはならない。一方で、分場が黒字の場合、その収益分は独立時に退職金として支払われることになっており、研修生は経営改善に対する

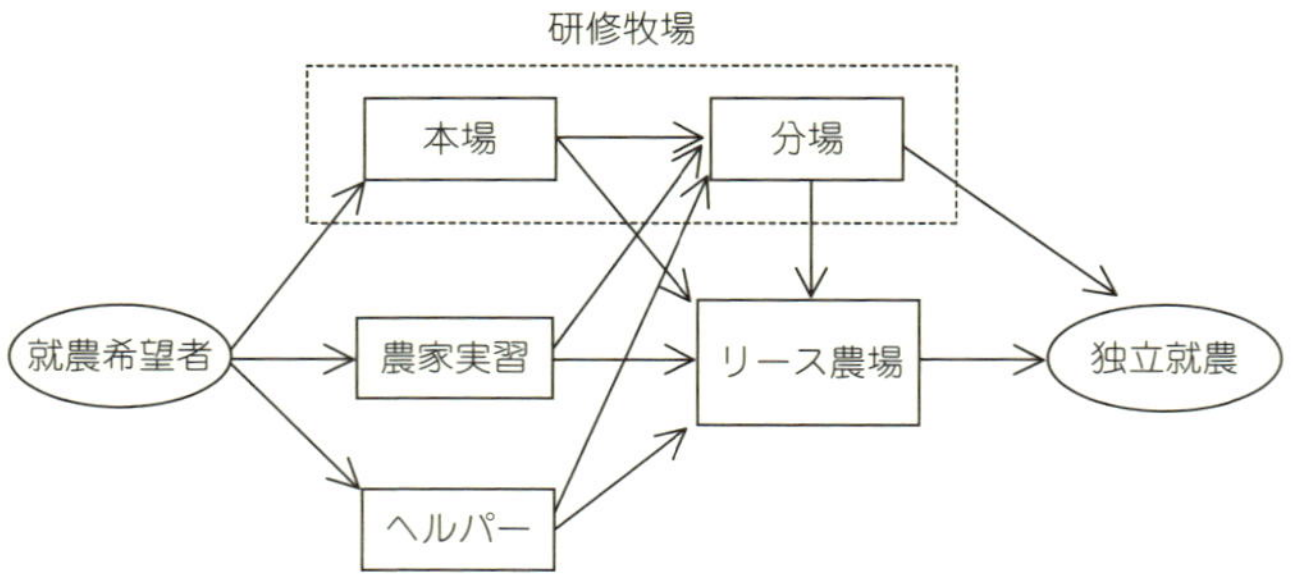

資料：聞き取り調査より作成。

図 4·5 「分場方式」確立後の浜中町における新規参入者の就農ルート（模式図）

高いモチベーションを持つことができる。

また第三に、本場での研修と同様、分場の研修生も給料制であるので、生活面はある程度保証されている。

第四に、実践的な研修が可能となる点である。分場には研修牧場の責任者である牧場長が常駐することはなく、様子を見に来る頻度も少ない。基本的には本場での研修を数年経験した後に分場に入り、独立後を想定しての経営が可能となる。いわば、研修中の時点から実質的な営農を行い、独立後はスムースに経営を開始することができるのである。ただし、分場の収支が安定しない、もしくは悪化している場合には月に一度の経営改善のためのミーティングが開催され、研修としての機能が失われることはない。

最後に指摘しておきたい特徴は、リース枠の実質的な拡大である。現在、北海道農業開発公社のリース事業の枠は毎年一〇前後であり、それを全道の市町村で分配すると浜中町におけるリース事業の枠は実質一～二枠に限定されてしまう。しかし、「分場方式」ではリース事業の枠に制限されることなく研修生を独立させるルートを確保することができるのである。

以上のように、「分場方式」はリース事業が実質的に年間一～二枠に、かつ対象者が四〇歳以下に制限されるという「量的限界」を補完するものである。また、実践的な研修を行うことができ、乳牛導入までの空白期間をなくすなど、「質的限界」も克服するものとなっている。

農協が法人を設立し、その法人が離農農場を取得、そこで新規参入希望者が研修するという浜中町と同様の方式による新規参入方式は網走地方の津別町、佐呂間町でも確立されている。大きな資産を必要とする酪農においても新規参入者の受け皿を作って、農場リース事業に依らない新規参入方式に取り組む動きが現れている。

(3) 酪農家グループによる第三者継承の支援 ―【大資産+非定型】の補強―

R&Rおんねないが設立された上川北部地方の美深町恩根内地区は、一九九八年には五八戸あった販売農家が二〇〇三年当時には四八戸へ減少し、高齢化および後継者不在によりさらなる戸数の減少が予想された。また恩根内地区は酪農専業地帯であるが、その酪農家の後継者確保状況をみると後継者を確保している経営は、経営主年齢が五六歳以上である一四戸のうち四戸しかおらず、農家戸数の減少および農村人口の減少による地域社会の崩壊が危惧されていた。

しかし、道東の主産地とは異なり乳量を大量に確保する必要性は低く耕種農業も展開しており、研修牧場などの大規模な投資による新規参入者の育成は難しい。そうした状況でも、酪農での新規参入を積極的に受入れる取り組みが必要であるという共通意識があり、何らかの対策を立てなければならないと生産者が主体となって立ち上げたのが経営継承組織であるR&Rおんねないである。

組織設立に中心的に関わったリーダーが恩根内地区内の酪農家に呼びかけ、二〇〇三年に事務局を農協に設置し、R&Rおんねないが設立された。設立時の会員は七名であり、当時の恩根内地区における酪農家のうち約四

表 4·3　R&R おんねないの会員と経営継承の関係（2009 年）

番号	年齢	後継者の有無	役職	2003 2004 2005 2006 2007 2008 2009	備考
A	72	×	初代会長		2005 年に離農と共に脱会
B	71	×	副会長		
C	69	×	会長		2006 年に離農
D	69	×			2005 年に経営移譲
E	68	×			2005 年に離農
F	64	×			2008 年に経営移譲
G	59	×	事務局長		
H	44	△			2005 年に新規就農
I	63	×	監事		2007 年に新規会員、2008 年に離農
J	62	×	監事		2007 年に新規会員
K	54	△			2007 年に新規会員
L	34	△			2008 年に新規就農

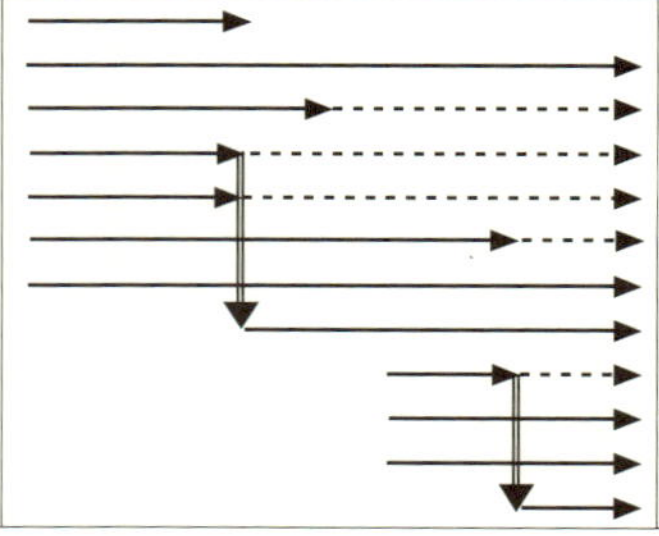

資料：R&R おんねない提供資料および農家実態調査より作成。
注：1）実線は営農していることを、破線は会員であることを、二重線は経営継承を表わす。
　　2）×は後継者不在、△は未定を表わす。

分の一が会員となっている。

Ｒ＆Ｒおんねない設立後は三組が酪農経営で新規参入している。そのうちＲ＆Ｒおんねないの支援を受けて恩根内地区に新規参入したのは二組である。また二〇〇九年現在は一組がＲ＆Ｒおんねないで研修中である。

現在の会員は新規参入者二名を含めて一一名である。新規参入者を除いた九名の平均年齢は六四・三歳であり、いずれも後継者はいない。後継者のいる農家は会員となることができないのである。会員は恩根内地区に限定され、新規参入者も恩根内地区で就農することになる。研修修了後に営農を開始した新規参入者が新たに会員に加わるとともに、原則として、経営を移譲して離農した会員も継続して会に残る（**表４・３**）。

新規参入者を除いた会員の人選はリーダーであるＧが中心に行っており、その基準は、「後継者がいないこと」「過大な負債を抱えていないこと」「新規参入者に経営移譲して営農を継続させるという理念を共有できること」の三点である。たとえ後継者がおらず離農を考えていても、これらの基準を満たすことができないと判断されれば会に加入することはできない。これは、特に、経

表4·4　技術習得の有無と就農後のサポート

	H			L		
	R組織以前の技術習得	研修中の技術習得	就農後のサポート	R組織以前の技術習得	研修中の技術習得	就農後のサポート
搾乳作業	○	−	−	○	−	−
繁殖	○	−	−	○	−	○
牧草収穫作業	×	○	○	×	○	○
牧草収穫適期判断	×	×	○	×	×	○
機械修理	×	×	○	×	×	○
糞尿処理	○	−	−	○	−	−
経営管理	○	−	−	×	×	○

資料：農家実態調査より作成
注：表中の○は技術習得ができたこと、×はできなかったこと、−は指導がなかったことを示している。

営移譲の際に経営移譲農家が負債分を上乗せして資産を売り渡す事態を防ぐことを意図しているからであり、新規参入者に負担を掛けずに経営継承を行うことを大前提としている。

R＆Rおんねないでの研修は原則二年間である。一年目は一～四カ月ごとに会員の農場をまわり、二年目は継承予定農場で経営主の指導のもと研修が行われる。研修内容は経営主の指示に従って作業を行うOJT方式である。また、研修期間中は積極的に地域の行事に参加するよう指導している。

技術習得のタイミングをまとめたものが**表4・4**である。H、Lともに搾乳、繁殖、糞尿処理作業の各作業はR＆Rおんねないでの研修以前に既に習得していた。

研修期間中に技術習得ができなかったものとして、牧草収穫の適期判断と機械修理がある。いずれもR＆Rおんねないの研修中に指導が行われたものの、就農後、Hは機械トラブルが生じた際に修理に対応することができず、会員に急遽機械を借りたことがある。また、Lは頻繁に修理の相談に会員のところへ赴き指導を仰いでいる。牧草収穫の適期判断では会員や周辺農家に電話連絡等によって判断を仰いでいる。

このように、酪農の研修を積んだ新規参入者であっても短期間では無

表4·5　就農後の「自立」に向けた支援と研修中の支援

	就農後の「自立支援」			研修期間中の支援
	オーダーメイド		定型的	定型的
	Lのリクエスト	共通	共通	共通
組織による支援	①就農地の選定	③農場リース事業費の抑制 ④育成牛の贈与	⑥看板の設置 ⑦大特免許取得への補助	⑧傷害保険の負担 ⑨生活費負担
個人による支援	②育成舎の新築	⑤相対部分での譲渡額抑制		

資料：筆者作成

形資産の継承が困難な部分がある。それをR&Rおんねないでは就農後のサポートで補っている。就農後は組織の人的ネットワークに入ることにより、サポート体制を維持している。

就農後の「自立」に向けた支援と研修中の支援を**表4・5**にまとめた。まず指摘できるのは、研修中の支援である⑧、⑨と同時に、①~⑦の就農時の経営基盤を安定化させる新規参入者の「自立」に向けた支援が充実していることである。「自立」に向けた支援ではさらに「オーダーメイド」である①~⑤の支援と定型的な支援である⑥、⑦に分けることができる。「オーダーメイド」の支援では、①、②はLの個別的な要望にR&RおんねないおよびFが柔軟に対応している。また、③~⑤はHとLに共通する支援項目ではあるが、個別的に柔軟な対応が可能であり、「オーダーメイド」の支援と位置付けることができる。

R&Rおんねないによる組織型リレー経営継承の特徴を示すと、以下の四点を挙げることができる。

第一に、組織形態であるからこそ可能となる支援である。就農地の選定については組織形態ならではの特徴である。加えて、無形資産を補完する就農後のサポートと相対部分での譲渡額抑制は、新規参入者を「自立」させて地域社会を維持しようとする理念を共有する会員の組織であるからこそ可能となる。また、新規参入者の育成に責任を持っていることは、会員全員が組合員勘定（農協との取引に用いる当座貸越口座）の設定に際して保証人になっていることからも窺える。

第二に、リーダーによる組織内外の関係調整が有効に働いていることである。設立の際はGが中心となって理念を共有できる会員を集め、また研修期間中から就農後にわたっては、継承者と移譲者や会員外の既存農家との間に生じるコンフリクトを両者の間に入って調整するなどの重要な役割を担っている。

第三に、組織で支援することによって個人で支援を行うよりも負担を軽減できることが挙げられる。就農後のサポートは移譲者もしくはリーダーであるGのみが行うのではなく、複数の農家が支援にかかわっている。Gによるコンフリクトの調整についても、他の会員と相談する場を設けることで、Gの負担が軽減されている。

3　道央地域における［非定型］新規参入の胎動

従来の新規農業参入は酪農地帯が顕著な動きを示していた。近年増加している施設型の野菜・花きを含めて、遠隔産地における［定型］タイプの新規参入が多く、自治体や農協による大きな支援を特徴としていた。これらの［定型］タイプの新規参入とは別に、［非定型］タイプの新規参入をはかる動きが増えている。札幌・小樽・千歳等の道央都市圏の近郊農村において野菜を中心に新規参入をはかる動きが以前からみられたが、近年、これを支援する体制がつくられている。いずれも遠隔産地の維持・形成を目的にしたものではなく、基本は「非定型」タイプである。この地域では根強い新規参入希望があるので、それに対する支援体制を構築するとともに、将来予想される担い手農業者の不在、農地荒廃化への予防的な対応を意図したものである。

(1) 水田作地帯における多様な新規参入希望者の受入—信頼形成に基づく［非定型］新規参入の模索—

道央圏では新規農業参入に対する支援体制の構築が、酪農地帯等に比べて遅れていたが、ようやく本格的な動きが現れている。その一つがここで紹介する栗山町農業振興公社である。

栗山町は北海道を代表する水田地帯、空知地方の南東部に位置する、水田農業を中心とする町である。札幌市から自動車で一〜一・五時間、江別市・北広島市等からは三〇分程度の距離にある。農業は水稲中心の作目構成を示すが、野菜類を中心に多様な作物が栽培され、少量多品目産地となっている。栗山町、由仁町にまたがるそらち南農協では、二〇一〇年に栗山町からの農産物として六九品目の農産物を取り扱い、そのうち五四品目が野菜類であった。この地域でも農家戸数の減少に対する危機感があり、とくに今後高齢者の離農により一、三〇〇ヘクタール以上の流動化が見込まれる農地の維持が課題として挙げられている。

このような地域農業の課題を見据え、有効な対策を実施する組織として栗山町には農業振興公社が存在する。栗山町農業振興公社は町役場、農協をはじめとする農業団体の連携により設立されている。この農業振興公社が農業振興計画として二〇一二年に策定した「第三期栗山町農業ルネッサンス」において新規参入者、第三者継承による就農者を将来の地域農業を守る担い手として位置づけ、育成していく方針がとられた。農業振興公社では新規参入希望者の農家での研修受け入れ支援を二〇一一年より本格的に始めている。二〇一二年では八名が研修を受けている。新規参入による就農者は二〇一二年度までに三戸を数えるが、農業振興公社が研修時から関わっているのはこのうち一戸だけで、研修後の就農はまだ本格化していない。

研修生の募集は、北海道担い手センターからの紹介、町振興公社のホームページ、新農業人フェアなどのイベントの主に三つのルートで行われる。研修受入の選考の具体的な基準は今のところなく、個々の応募者と面談を繰り返す中で判断している。選考におけるポイントとして、「意欲」「資金」「地域になじめそうか」の三点を重視している。栗山町が野菜を中心とする少量多品目の産地である事から、就農後の作物は特に決められてはおらず、就農後は希望する作物を栽培できる環境にある。研修希望者一人ひとりと面談を重ねて、町の農業、受入体制を説明しながら、彼らの希望に沿ってケース・バイ・ケースで対応している。

研修は基本的に二年であるが、その後就農までの課題は農地取得、資金、技術、住居確保である。研修先の地域で農地が出てきた時に、地域の同意の下でその農地を購入又は賃貸することで就農地を確保する。そのため、地域の農家に受け入れられそうな人間性が重視される。これは就農後にも地域の中で地域農業の活性化を担う役割も期待されてのことである。資金については具体的な金額は示さないが、一～二年分の生活費を用意していないと就農後の生活は厳しいとは伝えている。

研修生を受け入れる農家の選定は、二〇一一年に行われたアンケートをもとに候補者の中から選定される。アンケートでは研修生の受入が可能か、また興味があるかどうかを聞いている。この中から作物、人柄、地域などを主な基準として選んでいる。作物は研修生の希望する形態に合うもので、基本的には施設園芸が中心だが、路地野菜であるたまねぎや畜産農家も一部研修を受け入れている。就農先となる農地が入手しやすいと思われる地域が研修先となるケースが多く、研修時には農作業だけでなく地域の既存農家と良い関係を築くことも求められる。この二つに加え、最後には農家の人間性が問われる。これは農協から出向している公社事務局長を中心に判断している。研修に際しては、農家と研修生の間では研修内容について確認書が交わされ、この内容に沿って研修が進められる。

公社による支援としては研修中、就農時、就農後の支援が進められている。研修中の支援としては、住宅の支援と研修農場の整備を計画中である。住宅は町内の利用されていない教員住宅を公社が改修し定額で研修生に貸与しており、二〇一三年度は一〇戸が利用される予定である。研修農場は公社が保有合理化法人として土地を中間保有する。研修生はその農地を用いて、受入農家での研修以外に通年で自らすべての作業を行う場所をもつことで実践的な経験ができる。ここでの指導も受入農家に依頼して行うことが検討されている。場合によっては、研修生がその場所でそのまま就農することも考えられている。

就農時の支援としては、経営を開始してから三年間は借地料に対し一〇アールあたり一万円の補助を行う新規就農者農地確保支援事業と就農後に月二万五、〇〇〇円を三年間支援する新規就農者経営安定化支援事業が用意されている。これらの支援は栗山町農業振興事業として既存の農家の支援と同様の枠組みの中で、新規参入者向けの支援として制度が作られている。また受入農家側へのセミナーも二〇一二年度から開催している。これは受入に関心がある、もしくは受入中の農家が対象で、受入時の注意点や他地域の事例を紹介する内容となっている。

栗山町での新規参入者支援の動きはまだ始まったばかりであり、具体的な成果は現れていない。しかし取り組みの特徴をあげるとケース・バイ・ケースでの対応であり、上述の類型に則すと［非定型］ということになる。これは地域農業の多様な作目構成に対応しているのだが、特定の品目に限った就農受入ではないため、新規参入希望者にとっては、作目選択の幅が広くなるというメリットが生じる。

一方で就農に際して最も大きなネックになるだろう農地取得に対しては地域で信頼を得ることにより、新規参入希望者が自力で手に入れることが求められる。［小資産］であれば新たな経営を立ち上げる創業（独立就農）タイプの新規参入も可能だが、［大資産］の場合は第三者継承の方法が望ましく、そのための仕組みづくりが必要になる。

新規参入希望者を研修生として受け入れるにあたり、農業振興公社は、研修生には地域農業により溶け込めるように、受入農家や地域の農家には新しい担い手をうまく受け入れることを強調している。相互信頼をベースに、多様な新規参入を模索しようとしているのである。

(2) 大型野菜経営を踏み台にした新規参入──[小資産+非定型] 新規参入の支援構築──

栗山町農業振興公社より少し早く、本格的な新規農業参入の支援体制を立ち上げたのが道央農業振興公社である。道央農業振興公社は、江別市・千歳市・恵庭市・北広島市とこの四市を管内とするJA道央によって二〇〇五年に設立された。同公社は江別・千歳・恵庭・北広島の各JA支所内に担い手支援センターを置いて担い手育成支援事業を行っており、新規就農支援はその一環として二〇〇八年から取り組まれている(注8)。

しかし、この地域では新規農業参入の動きがそれ以前にも存在した。その有力な方法となっていたのが「農業法人を踏み台にした農業参入」である。農業法人で研修をした後に新たな経営を立ち上げる、あるいは農業法人に残り構成員として経営に携わるといったように、農業法人を踏み台にすると新規農業参入のハードルは下がる。踏み台となる農業法人でも、そのような若者を常時抱えていると、労働力確保についてのメリットが生じる。こうした踏み台の代表的事例が(有)余湖農園である。そして、道央農業振興公社が設立された後、余湖農園は公社と連携体制を組み、新規参入の支援体制を強化した。

余湖農園は構成員七名の農業生産法人である。構成員は社長夫妻以外、全て余湖農園で研修生だった新規参入者である。経営耕地面積は五四・九ヘクタールで、その多くが水田であるが、全面転作の野菜作経営を展開し

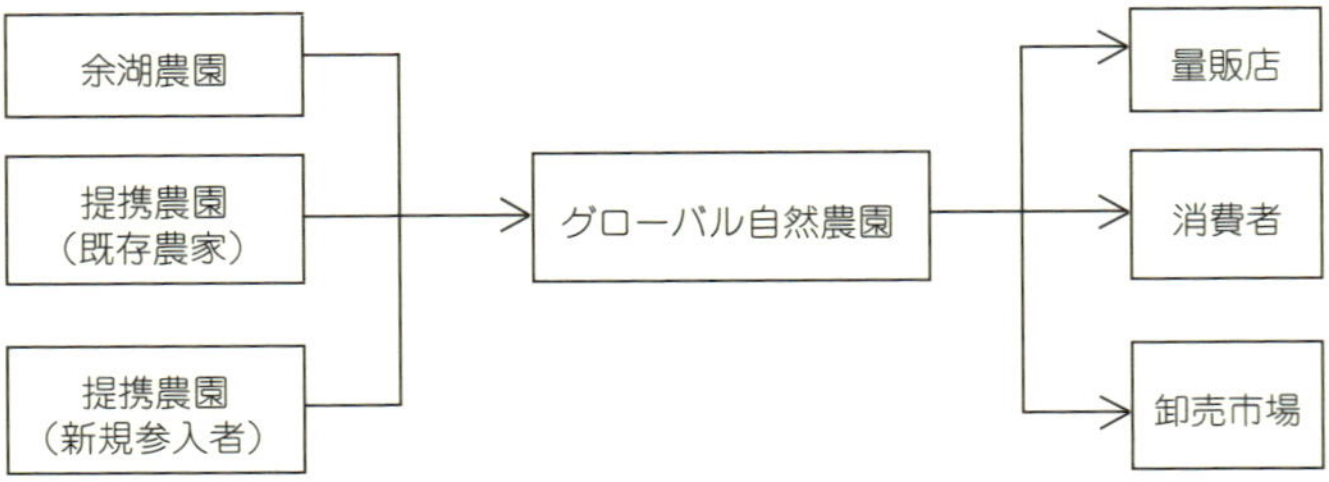

資料：余湖農園資料より作成。

図 4・6　グローバル自然農園の販売体制

ている。全ての作付品目において特別栽培および減農薬野菜栽培に取り組んでいる。労働力は構成員の七名に加えて、研修生が三名、季節雇用を五二名、事務三名を雇用している。他に中国人研修生を三名受け入れている。

販売先は生協や量販店、直売所が中心で、全て系統外への出荷である。余湖農園は一九九一年に余湖農園の販売部門を（株）グローバル自然農園として独立させた。グローバル自然農園の販売体制は**図4・6**のようになっている。グローバル自然農園へ出荷している提携農園は、近隣で特別栽培や有機栽培に取り組む農家と、余湖農園で研修を修了し、独立して同じく特別栽培や有機栽培に取り組む新規参入者である。

研修生の受入れはグローバル自然農園設立と同時に開始された。研修生の受け入れには二つの目的があった。一つは、余湖農園には後継者がいなかったため構成員として人材を確保するという目的である。二つは、研修生を独立させて提携農園としてグローバル自然農園に生産物を出荷してもらうという目的である。この目的を実現するために新規参入支援に取り組み、これまでに二四組を就農させてきた。そのうち三組は余湖農園の構成員となり、一三組が恵庭市もしくはその周辺市町村で就農している。

余湖農園が現在までに受入れた研修生は七三名にのぼる。余湖農園での研修は三年間を基本としており、その間の労働力が余湖農園には保証されるこ

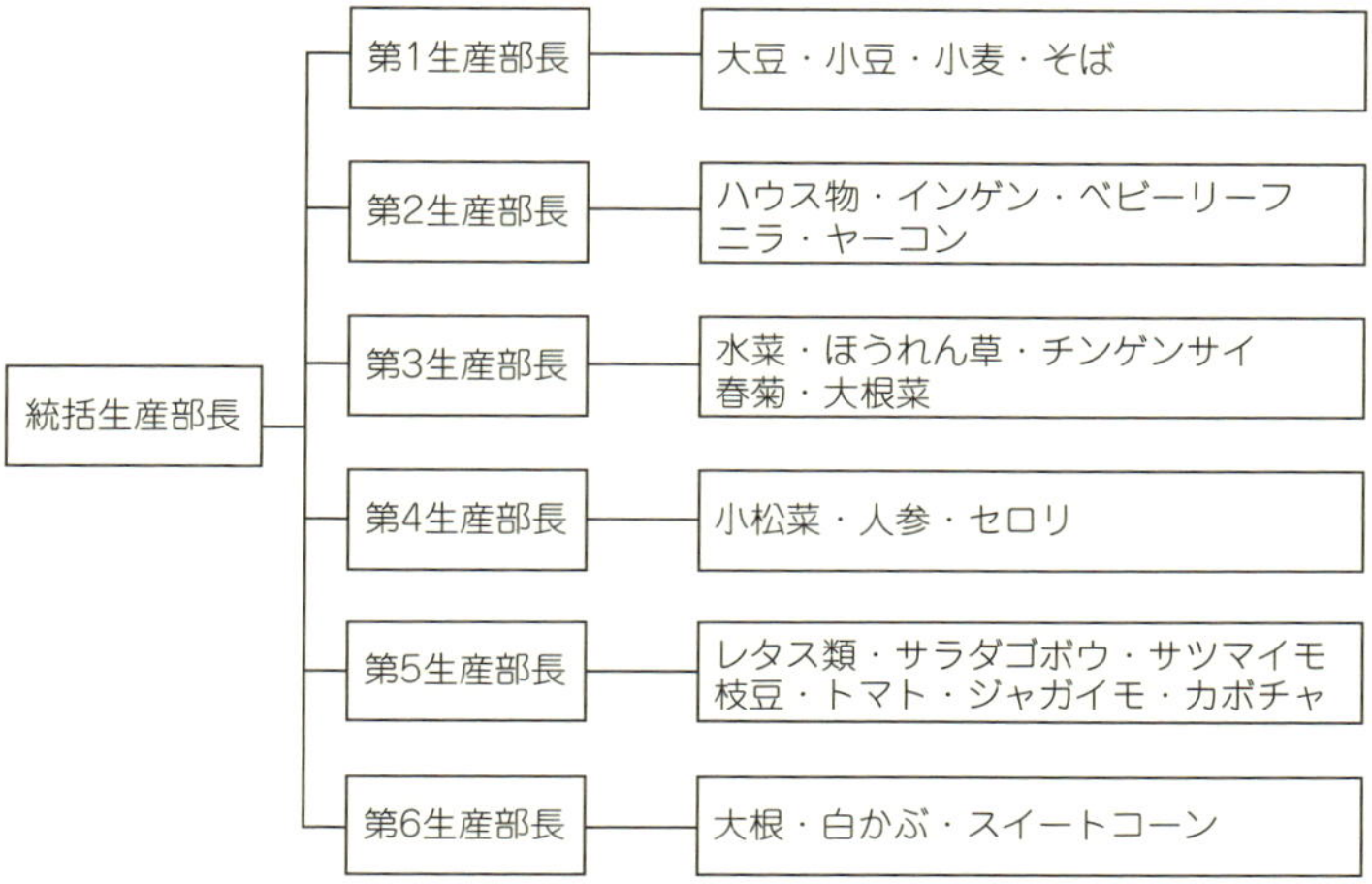

資料：余湖農園の資料より作成。

図4·7　余湖農園の農産部門組織図（2009年）

とになる。一年目は農作業全般に加えて、商品の配送なども行う。二年目は、担当作物を決めて、余湖農園の生産体制の中で、各生産部長の指導を得ながら栽培技術の習得を目的とし、三年目は余湖農園の圃場で作付計画から販売までを研修生が担当する独立シミュレーションを行う（**図4・7**）。ただし、就農する農地が見つかれば、余湖農園が設定した研修期間中でも独立することが可能である。

研修修了後の農地確保では、余湖農園が借地した農地を新規参入者に名義変更することで、新規参入者の農地を確保する取り組みを行っている。しかし、余湖農園による農地確保がすべての新規参入者に適用されるわけではなく、これまで余湖農園の支援システムの中で農地を取得したのは三組である。

独立した研修生のほぼ全員が減農薬・無農薬栽培での野菜作に取り組んでいる。独立した研修生の多くは販路が限られるため、就農直後はほとんどがグローバル自然農園へ出荷する。提携農園による販路確保は就農直後こそ可能であるが、出荷計画によってグローバル自然農園が集荷量を調整するため、独自の販路を開拓していかなければならなくなる。余湖農園が農業生産法人という経営体である以上それは避けられないことであり、販路確保支援にも限界があるといえる。しかし、販路を持たない新規参入者にとっては、就農時に販路が確保されるために就農初期段階の支援として大きな意義がある（表4・6）。

以上、余湖農園における新規参入支援の特徴をまとめると、①生産部会制による研修、②余湖農園の信用力を利用した名義変更による農地取得、③余湖農園ブランドによる独立後の販路確保の三点が挙げられ、研修から独立後の経営安定まで一貫した支援が行われていることが分かる。ただし、研修中は労働力としての側面が大きいこと、余湖農園のマーケティングによって取引量が変化することなど、支援の限界があるのも事実である。

さて、道央農業振興公社は稲作・畑作・野菜の土地利用型農業を志す三五歳以下の者を対象に二〇〇八年度から毎年約三名の公社研修生を募集し、二〇一一年度までに一一名の研修生を受け入れた。これに加え、指導農家が独自に受け入れた研修生を「先進的経営体研修生」として研修プログラムに参加させている。その合計人数は七名で、余湖農園が受入先になっている。

先進的経営体研修生を含む研修生全員は月に一度、公社で開催される研修会に参加する。ここで毎月の研修成果を報告し、助言を受けている。また、道立農業大学校の研修を受ける機会が与えられている。研修期間は原則三年で、①就農基礎研修を受けた後、複数の指導農家から②就農技術研修を受け、三年目には就農予定地域の指導農家が行う③就農地域研修を受けるという三段階が設定されている。①は公社が実施するもので、三カ月から一年で切り上げ、②に進む。指導農家には三八名が登録され、指導農家による研修支援会が設置されている。

この研修支援会の会長を余湖農園の社長が務めている。余湖農園は、研修の一部、および研修後の農地確保等

表 4·6　余湖農園での研修後の販路の状況

農家番号	販売先	2000	2001	2002	2003	2004	2005	2006	2007	備考
Y-1	(株)グローバル自然農園		300万円	500万円					100万円	研修先農家
	直接販売									自宅側の個人店舗
	A 企画								200万円	
	U 商店									新規参入者の販売グループ
	農協									
	卸売業者									
Y-2	N 氏								20万円	近隣農家に委託販売
	宅配								40万円	
	(株)グローバル自然農園								20万円	研修先農家
	直売所								30万円	自宅側の個人店舗
	A 企画								40万円	Y-1 農家からの紹介
	U 商店								10万円	新規参入者の販売グループ
Y-3	(株)グローバル自然農園									研修先農家
Y-4	(株)グローバル自然農園	1,800万円	1,800万円	1	1					研修先農家
	生協					3				
	市場出荷			1		2	2			価格変動が大きく中止。
	農協出荷			8	8	5	3	3	840万円	農協の部会から誘われる。
	直売所				1					知人の直売所。
	卸売業社 A						3	3	840万円	上位３社で７割。 ４～６番手で２割９分。 残り１分で５～６社。
	卸売業社 B						1	2	560万円	
	卸売業社 C						1	2	560万円	
	卸売業社 D									
	その他卸売業者									

資料：農家実態調査より作成

注：単位のない数値はその出荷先が全体に占める割合、単位のある数値はその出荷先への販売額、数値のない網掛けはその出荷先に出荷があったが金額は不明であることを示す。

の就農支援についても公社に委ねる方向にあり、余湖農園が有していた就農支援の弱点を公社との連携によって補おうとしている。公社側も余湖農園を通じて研修生の受入間口を広げることを期待しており、両者の連携により新規参入の支援体制は強化されている。

4　おわりに

経営資源の引き渡しの問題にいち早く直面した北海道では、遠隔産地における［定型］タイプの新規参入の取り組みが行われてきた。それを代表するのが［大資産］の酪農であり、農場リース事業を利用した［大資産＋定型］の新規参入が定着した。しかし、農業者の世代交代問題が深まり、北海道農業全体を覆う中で、より高いレベルの取り組みが求められている。

施設野菜・花きでは［小資産］の新規参入者が増加したが、特に［小資本＋定型］の新規参入を実現して産地の維持・強化をはかる地域が現れている。酪農では、農協出資法人による分場方式によってより強力な［大資産＋定型］の仕組みを構築する動きや、酪農家グループによる第三者継承の取り組みを通じて［大資産＋非定型］の新規参入を実現する動きが見られる。

また、札幌市の近郊農村では、多様な作目構成を示すことも手伝い、これまで新規参入に対する本格的な取り組みが見られなかったが、水田作や畑作における［非定型］の新規参入に対する支援体制を構築する動きが見られるようになり、法人経営を踏み台として露地野菜作等で新規参入を実現するケースが現れている。

このように北海道では、地域的な広がりや取り組みのステップアップによって、新規参入に対する支援が一段、高い段階に入ったと言える。

注

(1)実際の新規就農支援政策は多様なメニューが含まれており、経済効果はその内容によって異なる。新規就農者の供給曲線を下方にシフトさせる支援政策としては、青年就農給金がそれに該当する。

(2)さしあたり、酒井他［一九九八］第六章および第七章を参照されたい。

(3)たとえば、二〇〇二年にJAグループと（株）日本政策金融公庫によって設立されたアグリビジネス投資育成（株）は、農業経営への出資を通じた事業継承対策を主要事業のひとつとしている。主な対象は畜産経営である。

(4)同じ期間の新規参入者を作目別に見ると、野菜の二六〇人と酪農の二〇四人が突出しており、この二つは新規就農者に占める新規参入者の割合も高い。続いて畑作六五名、花き四二名、稲作三二名等となっている。

(5)北海道における最近の新規参入の事例を紹介した文献として、北海道農業開発公社・北海道地域農業研究所［二〇一二］がある。

(6)本章の2―（3）で詳しく紹介する。なお、柳村他［二〇一二］ではこの事例に基づき新規参入者が抱えるリスクを分析している。

(7)北海道開発公社のリース事業は離農農家等の農場や施設等を公社が一括して取得し整備した後、新規参入者にリースして五年後に売り渡す事業である。またその構成は、農地の取得は農地保有合理化事業、農場の整備は農場リース円滑化事業、機械のリースは農地保有合理化緊急加速事業からなるセット化された事業となっている。

(8)道央農業振興公社の新規参入支援および新規参入の実例については、前掲柳村他［二〇一二］を参照されたい。

【参考文献】

(1)酒井惇一・柳村俊介・伊藤房雄・斎藤和佐『農業の継承と参入―日本と欧米の経験から―』農山漁村文化協会、一九九八

(2)北海道農業開発公社・北海道地域農業研究所『農業経営の担い手確保と定着条件―新規参入者事例集―』二〇一二

(3)柳村俊介・山内庸平・東山寛「農業経営の第三者継承とリスク軽減対策」『農業経営研究』第50巻第1号、16~26

頁、二〇一二

第5章　韓国における親環境型畜産の実践と課題
――そのモデルと家畜ふん尿液肥品質向上の方策――

金　東均・李　明圭

1　はじめに

生態系の歴史において人類は最近出現した種であるが、その優れた適応力で地球全域を支配しながら、最も成功した種として増殖した。ほとんどの生命体が生きていく方法は環境にやさしく、生態系に及ぼす否定的な影響はわずかだが、人類は他の種よりも膨大に自然を消費、毀損しながら文明を発展させてきた。

過去一世紀の間、人類が使用した化石燃料の量は、それ以前の五〇〇万年の歴史を通じて消費した量よりも多かった。化石燃料を消費する人間の生活は、CO_2をはじめとする温室効果ガスの発生を招き、気温上昇とともに異常気象による生態系の危機を加速させている。生態系の種の多様性が失われると、人類もまた生存を脅かされることは自明である。われわれは、生活を環境に配慮したものへと変更しなければならないと認識するようになった。ほとんどの産業で環境への配慮が導入されており、畜産業でも環境に配慮した生産方式の必要性が強調されるに至った。

人類の生存にとって、様々な動物性蛋白質の摂取は必要不可欠である。畜産物はその中心に位置づけられている。一方、地球文明は、かつてないほどの速度での発展、広がりをみせており、所得増大にともなう畜産物需要の増加は加速している。今日の畜産業界は「どのように地球温暖化を防止しながら、より多くの畜産物を生産するのか?」という課題を解かなければならない。

前世紀までの人類は食糧資源を確保するために、農畜産物の生産性を最大限に高める略奪的生産技術の開発に重点を置いたが、今世紀以降、食品の安全性と生態系の保護のための新たな形態の技術を活用し始めた。畜産分野では資源循環を通じた温室効果ガスの削減を目標に、家畜福祉技術と抗生物質をはじめとする医薬品の責任ある使用を通じた環境にやさしい生産技術の開発と適用が活発に展開されている。

環境にやさしい畜産技術は、各種薬品の低投入と無抗生物質の畜産から出発して、最終的にはすべて天然原料由来の生産資材を利用する有機畜産を志向しており、一方では家畜福祉技術を適用した「福祉畜産物」の生産が進められている。ただし、副産物として発生するふん尿の処理問題は世界各国の共通の課題として残されている。

少頭数飼育が散在し、農薬や抗生物質がほとんど使用されなかった時代には、ふん尿自体が環境に配慮した生産資材として土地に還元された。様々な環境ホルモン物質や薬品の使用が多い現代の集約畜産においては、一時に大量に発生するふん尿は悪臭の源であり、環境汚染の主犯とされる。特に悪臭問題が深刻な養豚の場合、し尿処理は養豚経営の最優先課題であり、二〇一二年の海洋排出全面禁止の実施によって、ふん尿の効率的処理と資源としての利用問題が環境型畜産の最も重要な争点として浮上している。

家畜ふん尿は未消化の飼料成分を含み、回収されなかった酵素と腸内微生物などの内因性窒素で構成される有機性資源である。健康な家畜から排泄された新鮮なふん尿は再利用可能な資源である。しかし、空気と接触して発生する様々な悪臭成分により、一次的には大気を汚染し、集積されたふん尿が流出した場合には土壌と水質を汚染することで、畜産業を嫌悪産業として認識させる主要因となってきた。さらに、伝染性の高い病気に感染した家畜のふん尿は、それ自体が深刻な病気の発生要因ともなりかねない。

しかし、生化学的循環原理を利用すれば、家畜ふん尿は生態系を活用して有用資源を増産する、非常に価値のある資源に転換できる。問題の鍵は、どのようにリスクを効果的に除去しながら資源的価値を最大化するか、にある。家畜ふん尿の資源としての安全かつ効率的な活用は、快適な人類の生活と環境にやさしい畜産業を達成するために、必ず解決していかなければならない先決課題となる。

本章では、環境にやさしい畜産を確立するための技術的な問題を概括し、その中で懸案として浮上している家畜ふん尿の資源化問題を解消する総合的な接近方策を中心に論じる。

2　畜産環境への総合的な接近

(1) 環境にやさしい畜産の本質的な解析

環境にやさしい畜産の定義を政府や研究者が様々な概念として提示している。その本質は「畜産物の生産過程とこれにより派生するすべての現実的な問題が生態系の物質循環の原理に合致して否定的な影響を与えることなく、相互補完的な関係の中で持続可能な状態を維持すること」と言うことができる。しかし、今日の畜産の現実はこのような条件を維持できず、特に家畜排泄物が集積される状況が、家畜の生活環境に悪影響を及ぼすだけでなく、ときに病気を発症させ、家畜の生存と安全な畜産物の生産を阻害している。

改善が一歩一歩進んで、家畜ふん尿が資源としての機能を果たし、最終的に安全で栄養価が豊富な高級食資源=高品質の植物性食料資源となった時が、親環境畜産の具現化であろう。この目標に向けて、各地で様々な試みが行われている。小規模畜産における有機畜産のような部分的な達成があったが、大規模畜産はまだ環境問題に直面している。

この問題には技術的な原因とともに、経済的な原因がある。技術的方策が存在する場合でも、その技術の利用によるコスト負担の増加によって、畜産物を適正な価格で生産できない場合が多い。したがって、簡単かつ低コストで多量のふん尿を安全に循環させられる技術の開発こそ、畜産業界の宿願である。

(2) 畜産環境の問題点と家畜ふん尿の管理の範囲

農業と畜産業は食糧を生産する生命維持産業という共通の特性を持ち、本来は物質の循環を基礎に地域共同体的な関係にある。ところが、家畜ふん尿の環境汚染問題を解決するための浄化処理、堆肥化、液肥化などの方策も、浄化水の放流許容濃度の法的規制強化、堆肥・液肥の還元農地の未確保などによって、明確な解決策にならない状況にある。

家畜ふん尿問題の解決には、物質循環の原理に立脚した長期的な管理システムの確立が好ましく、物質循環体系は、国家レベルまたは地域の特性を考慮しながら構築されなければならない。家畜ふん尿の資源化と浄化処理を地域の特性に合わせて統合運営し、生産された堆肥・液肥を地域の耕種農家、耕種団体と連携して活用する、環境にやさしい農畜産業の持続的管理体系の形成が課題となっている。最終的には家畜ふん尿の資源循環管理システムに、副産物(屠畜の副産物、食品残さ)の農地還元までも含まれるべきだろう。

（3）近年台頭した畜産の環境問題

環境汚染対策は疾病防疫と並び、畜産の重要なリスク要因となっている。特に、海洋排出全面禁止によって、家畜ふん尿の農地還元の負担が増えたと同時に、ふん尿還元による河川の水質汚染防止が求められるため、家畜ふん尿処理は畜産の持続性を左右する大きなリスク要素となった。

これにより、これまでの散布方法や散布量に加えて、水質汚染防止のために土壌中の養分をどのように合理的に管理するかが、ふん尿の農地還元の新たな問題となった。つまり、家畜ふん尿の処理・散布→土壌管理→河川水質管理の統合環境管理プログラムが実行されなければならない。この目的を達成するには、畜産農家の道徳的、社会的意識の切り替えが必要であり、それは継続的な教育と啓蒙を通じて推進されなければならない。したがって、畜産農家と地域農業との連携システムを構築するために、そのモデルが具体的に提示される必要がある。

（4）家畜ふん尿の共同資源化事業組織の運営状況

近年、韓国では、家畜のふん尿管理において極めて重要な役割を果たしている家畜ふん尿共同資源化事業の活性化のために、毎年事業所の運営実績を評価し、評価に応じた財政的支援をしている。

国内の家畜ふん尿共同資源化事業所の管理は、専門的水準に達しておらず、大幅な赤字を抱えている。現在の水準では、環境汚染を防止できるシステムの構築には、かなりの時間がかかり、家畜ふん尿の地域総合管理の実現は非常に難しいとみられる。環境汚染を防止するために、共同資源化事業所での家畜ふん尿管理には、以下の技術的な前提が要求される。

①家畜ふん尿から発生する有機物、窒素、リンの総量と、農地の受容許容量との整合性が考慮されること。
②家畜ふん尿資源を循環させる基礎資料として、農家別ふん尿発生量、農地の作物体系、農地の栄養素負荷水準、家畜ふん尿処理技術体系、家畜ふん尿の処理、外部搬出方法などを把握すること。
③畜産農家のふん尿処理方式の導入には、資源循環のために栄養素バランスの適正化、処理の体系化、および飼養頭数・立地条件・社会的条件・気象条件・労働力・経営条件などを検討すること。
④家畜ふん尿の地域内共同管理計画を樹立するためには、運用管理者の能力、自治体の行政支援や耕種農家との調整を考慮すること。さらに、農家ごとの家畜ふん尿の排泄量の推定（原単位算定）、畜種別の家畜ふん尿処理システムの把握、乾燥、堆肥化、液状堆肥化、エネルギー化などのふん尿処理技術種別の把握が必要である。

（5）未来の環境にやさしい畜産のための課題

未来の環境にやさしい畜産は、伝統的な畜産の地域概念、環境にやさしい資源循環的概念、安全な食品としての概念、そして生態・環境・福祉・文化の融合的概念を複合的にもつ産業として展望できる。これらの概念の複合は、過去の畜産物生産—流通—消費—廃棄物発生という一方向的視点から、廃資源の生産と資源化および循環が同時に進行する連続的視点への転換を意味し、新しい環境産業の誕生を示唆している。このような認識を前提に、未来の環境にやさしい畜産のための家畜ふん尿の管理を七段階に区別して提示すると、次のとおりである。

第一段階：畜舎生産環境の改善の段階
第二段階：畜産農家の環境汚染物質の処理段階
第三段階：地域の環境にやさしい農畜産資源循環の段階

第四段階：地域内の有機性廃棄資源の統合管理の段階
第五段階：新再生可能エネルギーとの連携システムの段階
第六段階：農漁村、環境モデル都市の構築段階
第七段階：気候変動・エネルギー・資源の連携の段階

（6）環境にやさしい畜産のための資源循環の道

単に堆肥・液肥の形態に区分し、窒素、リン酸、カリ等の含有量基準で家畜ふん尿の農地還元を管理する現行の方法では、土壌中の有機物やミネラル、栄養塩類の含有量を精密に管理できない。より精密に家畜ふん尿を管理するためには、家畜ふん尿の共同資源化事業を中心に、地域別統合管理システムを推進する必要がある。

家畜ふん尿利用の活性化には、堆肥・液肥の安全性について消費者との信頼構築が不可欠である。そのためには、次の基準データの提示が必要となる。

①肥料効果認証データ（資源分析、作物生育試験）
②清浄性認証データ（防疫、ウイルス汚染対策）
③安全性認証データ（重金属、有害物質）、
④安定性認証データ（資源評価、腐熟度評価）
⑤肥効成分表示（有機物、ＥＣ、窒素、リン酸、カリなど）

また、家畜ふん尿共同資源化事業所での、経済的な堆肥・液肥の生産には、次のような技術が必要である。

①腐熟度、清浄度、速効性の確保と評価化

②水分調整材を使用しない手法の構築
③濃度の様々な固形、液状肥料の生産
④流通を容易にする濃縮化、ペレット化システムの構築

生産された堆肥・液肥の流通には、次のような国レベルでの支援が必要である。

①適正な堆肥・液肥価格の確保
②自治体による堆肥・液肥の公共財としての購入義務化
③堆肥・液肥利用農家へのエコ補償体制
④防疫に基づくクリーン液肥利用方法の構築

(7) 地域の農畜産と環境を統合管理する専門家の育成

畜産環境分野の問題解決には、各地域に関連分野に通じた専門家の確保が早急に必要である。この専門家には環境分野だけでなく、農業や畜産も合わせた複合的知識・能力が求められる。

地域に専門家が存在しなければ家畜ふん尿は適性に管理されず、汚染処理に莫大な社会的コストが発生するので、専門家の養成問題は国レベルで解決するしかない。国が畜産環境専門家の養成機関を設立し、全国各地域の人材を育成しなければならない。養成した人材の管理には広域単位の統合体系が必要であり、そのための財政的支援策も模索されなければならない。

未来の環境にやさしい畜産のための主要な項目と対案を提示すると、**表5・1**のとおりである。

表 5·1　未来の環境にやさしい畜産構築のための主要項目と対策

主要項目	現状	対策
1. 農地面積の確保	-飼育頭数に比べて農地面積が不足 -農地還元の散布体系が未確立 -散布地土壌養分の状態に応じた施肥法の不十分 -地域別農地還元による環境性、経済性評価	-耕種農家・組合との賃貸改善 -国、自治体、農地賃貸や国家レベルの管理導入
2. 悪臭制御	-畜舎から悪臭制御機能が不足 -糞尿の保存期間中の悪臭制御管理不足 -撒布後の悪臭の拡散を制御する方法が不足	-豚舎・ふん尿貯蔵所の悪臭制御 -液肥散布後悪臭制御 -環境農家認証制度の導入
3. 疾病管理	-畜舎内疾ぺいの管理および制御機能が不足	-豚舎スラリー・豚舎の換気管理
4. 温室ガス	-畜舎内温室効果ガスの発生抑制の機能が不足 -アンモニア、メタン、二酸化炭素などの管理不足	-環境農家認証制度の導入
5. 堆肥・液肥化	-堆·液肥化処理及び管理マニュアルが未確立	-高品質の堆肥・液肥の生産
6. 土壌管理	-土壌管理の連携　堆·液肥散布マニュアル不足	-液肥還元専門機関
7. 地下水管理	-栄養素浮動の指標・地下水管理不足	-栄養素総量制導入
8. 畜産業資源化組織	-農地還元のための地域農畜協の組織的管理不足	-農地還元の組織構成と国家レベルの管理導入
9. 堆肥化	-堆肥化副資材のおがくずの供給が不足	-ペレット化・おがくず削減型・副産物利用技術の開発
10. ペレット流通	-堆肥の流通化技術不足	-国家レベルの管理の導入
11. 浄化処理	-農家単位の浄化処理技術の不足	-浄化技術の開発
12. 電気費	-電力節減型技術が不足	-下水管理との連携方式の推進
13. 害虫	-害虫防止技術不足	-国家レベルの管理の導入
14. 下水連携	-下水連携技術未定着	
15. 資源循環制度化	-地域別資源循環システム制度化不十分	-評価指標体系化推進
16. 経済性	-資源循環システムの総合評価指標不十分	-国家レベルの管理の導入
17. 専門人材の需給	-資源循環専門人材の不足が深刻	-専門教育機関設立
18. 内水環境管理	-海洋投棄禁止後の自治体による管理制度化	-国家レベルの管理の導入

表 5·2　親環境有機資材関連の法律に規定された家畜糞尿堆液肥の条件

資材の種類	関連法律	規定	堆肥／固形物関連	液肥関連
親環境有機農資材	親環境農業育成法	-堆肥化された家畜排泄物は規則別表 3 認定基準第 2 号の(5)に適合しなければならない。	堆厩肥	堆厩肥
		-別表 1 の病原微生物（5 種）、抗生物質（5 種）が存在してはならない	畜種に関係ない	畜種に関係ない
		-飲食物流廃棄物・廃水処理汚泥は使用できない		
		-土壌改良剤・作物生育用資材は、肥料工程規格を超えることはできない		
		-有害物質濃度：As20, Cd2, Hg1, Pb50, Cr90, Cu120, Zn400		

注：2012 年 8 月現在。

3　家畜ふん尿液肥の品質向上対策

(1) 現行の規定

家畜ふん尿液肥の利用活性化には、液肥の親環境認証制度構築と液肥補助金支援制度の改善が必要となる。家畜ふん尿堆肥の場合は堆肥補助金制度があり、肥料としての質を管理すると同時に、財政支援によって経済的にも利用が推進されている。

例えば、堆肥一包二〇kgあたり二、五〇〇ウォンで補助率七〇%の場合、利用農家は一、七五〇ウォンを支援され、残りの七五〇ウォンだけ支払えばいい。堆肥が農家に普及した理由には、土壌改良材的な機能と、環境にやさしい面が品質評価に反映されるからであるが、支援制度がさらに利用を促進している。

表5・2は家畜ふん尿を肥料として利用する場合に関連する国内の法的規制である。家畜ふん尿は堆肥、液肥、石灰処理肥料、微生物肥料など多様に利用されるが、いかなる場合でも環境に配慮し、有機材料と有機質肥料としての法律の規定を遵守しなければならない。ただし、「飲食物流廃棄物・廃水処理汚泥は使用できない」という規

定は、バイオエネルギーの生産原料としては、使用できるように検討する必要があると考える。

(2) 家畜ふん尿液肥の補助金政策の方向

二〇一二年現在、家畜ふん尿液肥補助金は、資源化する組織の評価に応じて、ヘクタール当たり一五～二五万ウォン支給される。現行制度は液肥の速効性、窒素・リン酸・カリの含有量を中心に評価しているが、ミネラルの効果と含有量、液肥の安全性などは評価されていない。液肥利用の活性化のためには、環境認証において肥効分の含有量に加えて、安全性、臭気強度、機能性などを評価し、一般的な生ふん尿との差別化要素を持たなければならない。

液肥の品質を評価する方法として、液肥腐熟度判定機を用いた全国の家畜ふん尿資源化組織の腐熟度評価がなされている。二〇一二年の資源化組織の液肥評価では完熟レベルの評価を受けた組織は三〇～五〇％程度である(鄭サンジュン［二〇一二］)。評価対象の全国一五〇カ所の共同資源化事業所、流通センターのうち、九〇カ所以上は中熟、未熟と評価された。

液肥の品質向上のためには、まず完熟度率向上が求められる。完熟度率を高めるためには、液肥の腐熟度指標管理の手法開発及び現場指導が必要である。指標管理は腐熟度評価と肥料管理法の規定遵守を同時に行う必要がある。つまり家畜ふん尿液肥は主に腐熟度において満足できる水準であり、肥料管理法上の家畜ふん尿発酵液の規定を満足する理化学的性状であるべきである。この二つを満たす処理の実現が、家畜ふん尿液肥の環境認証制度の構築に必要で、基本的に先行されなければならない。

（3）家畜ふん尿液肥の完熟度向上方策

上記のとおり腐熟度評価の結果は、資源化組織の液肥腐熟度の向上が液肥利用活性化の喫緊の課題であることを示唆する。液肥の完熟度率を全国的に向上させるには、現在の資源化組織の運営評価に加え、液肥の品質を点数化して散布費用を支払う、「液肥品質検査制」の導入が必要である。

液肥の完熟化は、現在の施設を効果的に運営することで達成できる。だが、「液肥品質検査制」を通過するためには、前段階として液肥製造工程の分析、工程評価、管理改善のための専門的なコンサルティングが全ての資源化組織で必要となる。これに対する対応策が講じられなければならない。

（4）家畜ふん尿液肥の流通販売戦略の推進

液肥が完熟と評価された場合でも、現在の液肥は肥料成分の面でみると、非常に低濃度である。また、現場でサンプルを採取して分析した結果、ほとんど液肥は肥料成分の均一性、安定性、保存性、リスク回避性などの面で十分ではないことが確認された。これらの要件を満たしていない液肥は、事実上汚水の範囲を抜け出すのは難しい。つまり、現在の品質では肥料管理法にもとづく有償販売は不可能な状況にある。

これについては、「液肥品質認証制度」という新しい枠組みにおいて、家畜ふん尿の発酵レベルを詳細に評価して、①家畜ふん尿発酵液、②病原性微生物および抗生物質が不検出な環境に配慮した有機材料レベルの液肥、の二段階に分けて液肥流通販売を活性化させる必要がある。

この制度を施行することで、赤字に直面する資源化組織の運営が安定すると同時に、各組織の有償販売可能なレベルの液肥生産への取り組みが促進されるだろう。一部の組織では、実際に有償販売が可能な液肥を開発している。これらの組織では、この制度が戦略的に活用される可能性が高い。

(5) 家畜ふん尿発酵液有償販売の方向

肥料管理法上、液肥生産には生産・製造承認のための製造技術・工程の標準化、液肥肥料製造や事業の認可手続きなどが事前に必要となる。家畜ふん尿発酵液を有償販売するには、製品の徹底した品質管理基準が設けられ、窒素濃度、臭気強度、病原体死滅の要件を満たさなければならない。

今後、資源化組織が高品質の液肥を生産するためには、「液肥品質認証制度」支援が必要となる。この制度が実施されれば、家畜のふん尿処理は様々なバイオ液肥やその他の有用副産物を用いた機能性有機液肥の生産に発展できるだろう。

4 おわりに

本章では、家畜ふん尿液肥の認証制度構築を通じた液肥補助金制度の改善案を論じた。現在の家畜ふん尿液肥支援金制度は、毎年実施している家畜ふん尿資源化組織の定量的評価のみに基づいて支援している。液肥の品質向上を考慮すると、資源化組織の評価（量的評価）に液肥品質検査に基づく腐熟度評価（質的評価）を加え、それぞれを五〇%ずつのウェートで評価して支援するように制度を転換する必要がある。

この二元評価制度によって、①資源化組織の運営評価、②液肥腐熟度評価が実行され、それは資源化組織の経営安定、液肥の高品質化につながるであろう。また、家畜ふん尿発酵液を具体的に点数化する「液肥品質認証制度」によって、資源化組織の液肥有償販売と肥料管理法上の規制を統合して実行することができる。

政府の液肥補助金制度は、液肥の品質向上および農業と環境との調和を確保する中断されてはならない環境改善経費としての性格を持っている。今後は補助金制度の改善と液肥の点数化システムを使用して、家畜ふん尿液肥資源化の方向が調整されなければならない。これらの措置が合理的に施行されるならば、持続可能で環境にやさしい畜産の本質を具現できるだけでなく、畜産環境改善を通じた自然環境の保全にも大きな進展があるものと考えられる。

【参考文献】

(1)金東均・李明圭『酪農団地の造成に関する研究』韓国農協中央会、二〇一一
(2)金チャンギル「資源循環型農業の発展方策」江原農水フォーラム第七三回定期セミナー、二〇〇七
(3)金テユン「環境に配慮した畜産政策の推進方向」『有機韓牛産業の発展方向のための学術シンポジウム』韓国有機畜産研究会、二〇一二
(4)盧ギョンサン「家畜ふん尿の効率的な管理のための民間管理機構の設立案」韓国畜産経済研究院、二〇一一
(5)李明圭「有機性廃棄物の液肥資源化技術」『韓国廃棄物学会誌』第18巻第8号、二〇〇一
(6)李明圭「畜産業と環境問題—栄養素のバランスと資源循環の道—」『韓国の農業・農村・農政の進化』二〇一一
(7)李明圭『家畜ふん尿の共同資源化事業の活性化ワークショップ』韓国農協中央会、二〇一一
(8)鄭サンジュン「国内の家畜ふん尿の液肥成分特性の比較調査」『韓国畜産施設環境学研究』第18巻第3号、二〇一二
(9)Hall, S.S., Last of Neanderthals, National Geographic, Vol. 214 No. 4, 2008
(10)Miller, T., Living in the Environment, 14th ed., Brooks/Cole, 2005
(11)Miller, G.T. and S.E. Spoolman, Essentials of Ecology, 6th ed., Brooks/Cole, 2012
(12)Debbie, D.P., Manure Pathogen, McGraw Hill, Water Environment Federation, Bacterial Pathogens in Animal

Manure, 2009
(13) Kunzig, R., Population 7 billion, National Geographic, Vol. 219 No.1, 2011
(14) Otte, I.M. and D. Grace, Infectious Animal Diseases and Human Health, Proceedings of the 15th AAAP Animal Science Congress, Vol.1, 2012
(15) Shreeve, J., The evolutionary road, National Geographic, Vol. 218 No.1, 2010
(16) Takashi Osada, Kiyonori Haga and Yusuo Harada, Removal of nitrogen and phosphorus from swine waste by the activated sludge units with the intermittent aeration process, Wat. Res., Vol.25 No.11, 1991
(17) Williams, A. G., Indicators of Piggery Slurry Odour Offensiveness, Agricultural Wastes, Vol.10, 1984
(18) Zilberman, D., Innovative policies for addressing livestock waste problem, National center for manure and animal waste management, White paper, 2001

第3部　農村活性化の新たな展開

第3部では農村地域の人口扶養力、すなわち経済規模の維持という視点から課題となっている高付加価値化、多角化による所得拡大方策に焦点を当てている。

第6章は北海道の新たなグリーンツーリズム形態を取り上げている。ネットワークによる修学旅行受け入れというこの形態は、小規模ファームインや体験農園が団体観光に対応する方式であるとともに、中高生を対象とした食農教育の実践という点でも意義を持つことが明らかにされる。

第7章は韓国の農商工融合の現状と発展方向を論じている。六次産業化による農村所得拡大にはこれまでの政策では見過ごされてきた商工業融合が有効であること、さらに事例分析から住民参加が限定的で、地域内経済循環の重要な役割を果たせていないという農商工融合の課題を明らかにした上で、発展方策が提示される。

第8章は地域ブランド形成という視点から、北海道の六次産業化の現状を分析する。広域流通におけるブランド化では北海道全体のブランド化戦略を基盤に地域ブランドや高級ブランドが展開すること、地産地消型ブランド化では地域の商工業者との関係構築と役割分担が地域総体の利益拡大につながることが明らかにされる。

第9章は韓国におけるコミュニティビジネスの現状と展開方向を検討している。生活共同体中心のコミュニティビジネスの適合性、事業の発展におけるネットワーク形成の必要性、地域個性を反映する Only One 戦略の有効性が事例分析から析出される。

第6章　グリーンツーリズムと農村活性化――北海道――

松木靖・正木卓・長尾正克

1　北海道におけるグリーンツーリズムの意義と展開

(1) グリーンツーリズムの意義

農村地域の観光地化には二つの形態がある。一つは、地域外の企業が開発したテーマパーク、スポーツ施設などのリゾート利用や複数の名所、景勝地を短期間で巡る周遊観光に組み込まれる農村観光のような在来型観光である。この形態の観光では、必ずしも人的交流を伴わず、旅行会社等の地域外部の主体、あるいは地域内の観光事業者等の非農業者によって推進される場合が多い。北海道では、都府県とは異なる独特の農村景観が重要な観光資源となっており、旅行会社等が実施主体となる農村観光も盛んに行われている。

もう一つは、「緑豊かな農山漁村地域において、その自然、文化、人々との交流を楽しむゆとりある滞在型の余暇活動」と定義される、グリーンツーリズムである。グリーンツーリズムは地域の経済主体による、地域資源を活用した観光開発であり、地域住民との交流を楽しむ滞在型観光である。パッケージ化された従来型観光に飽きた消費者の観光ニーズに応え、また人々の価値観の多様化に対応するスローフードなど新たなライフスタイルを提案するものでもある。リゾート法（一九八七年制定）の後押しによって、バブル景気時に開発されたリゾート地が相次いで破綻する中で、観光立県を目指す北海道においては、新たな魅力ある観光形態・観光資源として、期待が高まっている。

加えて、農業・農村の持つ教育的役割への関心が高まっていることも、グリーンツーリズムの追い風となっている。一九九八年に総合的な学習が導入され、多くの小中学校で農業体験が実施されるようになったこと、さらに二〇〇五年には食育基本法が制定されたこともあり、子どもの農業体験への評価が高まった。

ところで、グリーンツーリズムの農業・農村にとっての第一義的な意義は、所得の増大である。農業は食料生産産業であり、生産した食料によって収入を得ている。しかし、農業生産活動によって生み出されるものは食料だけではない。地域の農業のあり方に根ざした食文化や、農村景観、生き物を育む行為の持つ教育効果など、農業・農村は多面的な価値を有している。グリーンツーリズムはこれらの多面的価値を商品化し、地域の所得増大に結び付ける経済活動である。それは同時に、農村外部からの農村開発に対する地域内発的取り組みであり、農業・農村の六次産業化の先行的形態としての意義も有する。

農業・農村にとっての意義は経済的側面にとどまらない。自らが生産した農畜産物が評価されること、自らが生きる地域の良さが評価されることは、農村に生き農業生産に従事することの価値の再確認と誇りをもたらすが、それには地域外部からの評価が必要である。グリーンツーリズムなどの消費者との交流活動は、そうした外部からの評価を求める活動でもあり、農業・農村の価値の再確認につながる。グリーンツーリズムが農村地域の活性化・再生の手段として、重視されるのは、こうした効果に着目しているからである。

（2）北海道におけるグリーンツーリズムの展開

北海道におけるグリーンツーリズムの展開過程を**表6・1**に示している。政策的な位置づけは「第五期北海道総合開発計画（一九八八〜一九九七年）」にさかのぼる。同計画は、「都市田園複合コミュニティ」をスローガンに、「都市の持つ活力や利便性と、田園生活のゆとりや潤いが共生する町づくり」を基本目標に掲げた。そして、農村のもつ各種資源を生かして、「ホビー農園、観光牧場、森林浴や遊漁など海洋性レクリエーションのための設備などを整備し、都市住民との触れあいや、青少年のための体験学習や滞在学習など」の推進を提言した。しかし、政策はスローガンの域を出ず、具体的施策として動きだすのは、全国各地でグリーンツーリズムが取り組まれる契機となった、一九九二年の『グリーンツーリズム研究会中間報告』以降である。

北海道では農政部が中心となり、①先進地事例の調査・検討、②ファームイン成立の可能性調査、③ファームイン経営の手引き等の作成、④道内各地でファームインに関するフォーラムの開催などの、ファームイン推進策が実施された。しかし、実際に都市住民を農家に民泊させようとしても、旅館業法、食品衛生法、消防法などの種々の規制が妨げとなった。何よりも大きかったのは、旅館業法の農家民宿における面積要件であり、ファームインを営むには、多額の設備投資を要したのである。

この農家民宿の面積用件は、二〇〇三年に「旅館業法の規制緩和」によって緩和され、それによってファームインは飛躍的な増加をみることとなった。北海道庁の調査によると、二〇〇九年一月時点で二、一四〇のグリーンツーリズム関連施設が存在している。グリーンツーリズム関連施設は、人口が集中する札幌圏と旭川市からの日帰り行楽圏内である道央圏、上川に多く、事業内容では半数の施設が直売場である。このことから、北海道の

表 6·1　北海道におけるグリーン・ツーリズムの展開過程

年次	国の施策	道の施策・行事	先発事例
1988	第 5 期北海道総合開発計画	都市から見た農村を考える会	大草原の小さな家 ヨークシャファーム
1990			鹿追町ファームイン研究会
1991		先進地事例、道内事例の調査検討 ファームイン成立の可能性調査 ファームイン経営の手引等の作成 道内各地でフォーラム開催	
1992	農水省グリーン・ツーリズム中間報告書		
1993			
1994	農村休暇法		カントリーパパ
1995			富良野ファームイン研究会
1996		農村休暇法に基づく北海道基本方針	
1997		北海道農業・農村振興条例	ファームイン・コテージ ゆうゆう
1998			
1999	食料・農業・農村基本法		
2000			北海道グリーン·ツーリズム協会
2001	食と農の再生プラン	北海道観光の国づくり行動計画策定	
2002		北海道グリーン・ツーリズム推進指針策定	元気村・夢の農村塾
2003	旅館業法の規制緩和 観光立国行動計画		
2004		北海道グリーン・ツーリズム推進計画策定	そらちＤＥい～ね 別海町グリーン·ツーリズムネット
2005	食育基本法制定	グリーン・ツーリズムの所管を経済部へ 全国グリーン・ツーリズム大会を美瑛町で開催	長沼町グリーン·ツーリズム推進協議会
2006		地域組織機関支援など、グリーン・ツーリズムを含む体験型観光推進事業を展開	
2007			
2008	子ども農山漁村交流プロジェクト	北海道観光の国づくり行動計画改訂	富良野修学旅行センター

資料：長尾正克編著『グリーン・ツーリズム　北海道からの発信』筑波書房、2011 年より

グリーンツーリズムは都市近郊の日帰行楽型が主体であるといえる。

しかし、一〇年前の一九九九年と比較すると、農業体験学習の増加、観光行動の変化に対応して、参加・体験型、滞在型グリーンツーリズムの伸びが確認される。一九九九年の総施設数は九二四施設であったから、一〇年間で二倍以上に増えた中で、ファームインは実に一一倍に拡大しており、農業体験施設が六倍、市民農園も四倍に増えている。

体験型・滞在型グリーンツーリズムは、北海道におけるグリーンツーリズムの成長分野として注目されるが、従来型観光に通じる流れをくみ一般観光客を主な顧客層とする展開と、食農教育を目的に修学旅行生を顧客の主体におく展開の二つの潮流が認められる。さらに、従来型観光との関連および既存の観光資源の存在状況から、観光型、食農教育型、農場型の三類型に分類される（注1）。

観光型は新得・鹿追、富良野・美瑛地域などの、丘陵・畑作地帯に展開する。既存の観光資源が存在し従来型の観光がすでに展開している地域で、主に一般観光客を対象とする旅館経営を営む形態である。経営は観光が主で農業は副次的か、農業部門から独立している。

食農教育型は修学旅行生の受け入れのために、行政の誘導によって出現した形態である。長沼町をはじめ空知水田地帯に展開する（注2）。食農教育による農業の応援団形成を目的としており、あくまで農業業部門が主でグリーンツーリズムは副次部門にとどまっている。

農場型は過疎化が進んでいる酪農地帯に展開し、農場を使いフットパス、キャンプ場などを営んでいる。観光型と食農教育型の中間的形態である。受入対象は一般観光客から修学旅行生まで幅広く、異業種交流による地域活性化や、酪農体験による応援団形成を目的としている。

表6·2　北海道における修学旅行受入グループ

No.	市町村	グループ名	コーディネーター	主なメニュー	受入可能人数	受入期間
1	長沼町	長沼町グリーン・ツーリズム推進室	長沼町産業振興課グリーン・ツーリズム推進室	農業体験一般 ファームインに宿泊	団体可 （～400人）	5～10月
2	滝川市他	そらちDEい～ね	そらちDEい～ね事務局	農業体験一般 一部ファームイン宿泊可	団体可	5～10月
3	美瑛町	美瑛ファームイングループ	TAISEIファーム(大久保)	農業体験一般 ファームインに宿泊	団体可 （～100人）	通年
4	富良野市	ふらのファームイン研究会	コテージゆうゆう(大居)	農業体験一般 ファームインに宿泊	団体可 （～100人）	通年
5	新得町	新得町農村ホリデー研究会	ヨークシャファーム(竹田)	農業体験一般 ファームインに宿泊	団体可 （～80人）	通年
6	美瑛 富良野 新得	ふらのファームイン研究会	コテージゆうゆう(大居)	農業体験一般 ファームインに宿泊	団体可 （～300人）	通年
7	鹿追町	然別ネイチャーセンター	ホテル福原(坂本支配人)	アウトドア、エコ、 農業体験、酪農体験等	団体可	通年
8	津別町	ファームスティ・ティアラ	ファームスティ・ティアラ	農業作業体験一般 ファームインに宿泊	団体可 （～40人）	通年
9	網走市	NPOグリーンツーリズムオホーツクセンター	アムロファーム	農業体験一般 ファームインに宿泊	団体可 （～30人）	通年
10	津別 網走	NPOグリーンツーリズムオホーツクセンター	アムロファーム	農業体験一般 ファームインに宿泊	団体可 （～70人）	通年
11	別海町	別海町グリーンツーリズムネットワーク	オシダファーム	酪農体験一般 ファームインに宿泊	団体可 （～20人）	通年

資料：北海道経済部観光のくにづくり推進局調べ

ところで、ファームインや農業体験施設には小規模施設が多く、受け入れ人員の個別的制約から、団体旅行に対応して安定的な基盤を獲得することは困難である。この個別的限界の解決策として各地に形成されてきたのが、一九九〇年設立の鹿追町ファームイン研究会（現在の北海道ツーリズム協会）が最初とされる、地域内の組織的対応であり、これらの組織による地域間ネットワークによる対応である。北海道には**表6・2**に示したように、修学旅行を受け入れている地域組織が一一存在する。

こうした、地域間ネットワークの修学旅行などの団体観光への対応の実態を明らかにし、その課題を確認することが北海道におけるグリーンツーリズムを展望する一つの視角として重要である。そこで、次節以下では修学旅行生の受け入れに着目して、観光型と食農教育型の地域間ネットワークの分析を行う。分析対象は、観光型の富良野・美瑛地区と食農教育型の空知地区で展開している地域間ネットワーク事例である。

2　観光型地域間ネットワークの事例——富良野・美瑛地区——

(1) 富良野・美瑛地区の特徴

富良野・美瑛地区は国内外に知られる観光地である。富良野地区には、ラベンダーなどの花畑、ワールドカップも開催されたスキー場、テレビドラマ「北の国から」のロケ現場である麓郷などの観光資源がある。また、美瑛地区では、大雪山連峰を背景としたパッチワークの丘と花畑、そして白金温泉が観光資源である。両地区では、こうした観光資源を基盤に、大規模なリゾートホテルとペンションやコテージを経営する小規模宿泊業者、飲食業者などが観光を担っていた。

（2）グリーンツーリズムの展開

富良野地区でのファームインは、行政が誘導したものである。一九九四年に農業体験と民宿に取り組む「富良野ファームイン研究会」（現「ふらのファームイン研究会」）が行政主導で結成された。前述のように、当時は旅館業法の規制が強かったため、先発の宿泊業者のペンションやコテージを見習った宿泊施設となり、多額の資金投下を伴った。ファームインでは農繁期に農業部門と農業体験・宿泊部門との労働競合が生じる。富良野地区では投下資金回収の必要から、収益性の高い民泊の方へシフトする経営が多くなった。

ファームイン研究会は富良野地区と美瑛地区のファームインを会員とするが、修学旅行生の受け入れでは、**表6・3**に示したように同じ畑作地帯の十勝地区のファームインと連絡協議会を結成している。一学年二〇〇名から三〇〇名の大型校の生徒を、富良野・美瑛地区だけで分宿させるとすれば、受入れできない場合が生じる。そこで、十勝地区のファームインと連携している。

また、「ふらのファームイン研究会」の特色の一つに、農業部門を持たない会員の存在がある。この理由には、修学旅行受入れ時期の特殊事情がある。農作業が少なく受け入れしやすい、七～八月は北海道の観光シーズンのピークであり、旅行代金が高い。修学旅行は旅行代金が安い五月～六月や九月～一〇月に多くなるが、この時期は農繁期と重なるため、農家での受入れは制限される。そのため、アウトドア的な体験を提供できる、農家ではないペンション・コテージも協力ファームインとして研究会に取り込んでいるのである。

修学旅行生の受入れマネジメントは研究会事務局が担当している。二〇〇八年に「ふらの観光協会修学旅行センター」が設置されたため、受入れマネジメントの一部を修学旅行センターに委託するようになったが、修学旅

表 6·3　2008 年度修学旅行受入実績（2008 年 12 月 2 日まで）

区	ファームイン名	定員（人）	延学校数（校）	延生徒数（人）	延教員・添乗員数（人）	備考
富良野地区	ファームイン池田	18	19	353	10	富良野市
	ペンション和田	19	23	444	8	富良野市
	ファームイン富夢	23	15	294	5	中富良野町
	ぺんしょん自然舎	25	26	618	10	中富良野町
	コテージゆうゆう	40	23	669	80	富良野市、富良野地区代表者
	多田農園	18	13	239	10	富良野市
	B&B ふれべつ	22	12	253	1	富良野市、協力ペンション
	ペンション歩	22	5	41	5	富良野市、非会員
	雪烟荘	30	5	108	2	富良野市、非会員
	計	217		3,019	131	
美瑛地区	ペンション　ウイズユー	25	15	339	8	美瑛町、美瑛地区代表
	カントリーハウス KAKI	18	5	79	3	美瑛町
	ペンションケンとメリー	25	15	324	5	美瑛町
	フォーレストほおずき	25	15	283	10	美瑛町、協力ペンション
	民宿　びばうし	25	14	337	6	美瑛町、協力ペンション
	計	118		1,362	32	
十勝地区	ヨークシャファーム	37	6	208	4	新得町、十勝地区代表
	ヴィレッジ 432	20	2	56	0	新得町
	つっちゃんと優子の牧場のへや	5	3	20	0	新得町
	山の交流館とむら	18	2	52	—	新得町、協力ホテル
	藤田牧場	12	4	59	0	鹿追町
	大草原の小さな家	20	3	104	0	鹿追町
	計	112		499	4	
合　計		447		4,880	167	

資料：ふらの観光協会富良野修学旅行センター調べ

表 6·4　ふらの観光協会修学旅行センターの会員施設

区分		施設数	収容人数			
			計	平均	最小	最大
ファームイン	富良野・美瑛地区	12	275	23	18	40
	十勝地区協力宿舎	5	95	19	5	38
観光事業者	ホテル	6	2,307	385	221	906
	北の峰分宿会	14	696	50	28	115

資料：ふらの観光協会修学旅行センター

行生のメンバーへの割り振り権限は、依然として研究会事務局が持っている。

ファームインの一般宿泊客に関しては、電話やインターネットでの直接申込みが圧倒的に多い。また、それぞれホスピタリティに関する考え方に相違があるので、研究会として取り組む余地はあまりない。各ファームインの研究会参加動機は、修学旅行生受入れのメリットにあると推定される。

「ふらの観光協会修学旅行センター」は、**表6・4**に示したように、ファームインだけではなく、ペンションやホテルに対しても修学旅行生を斡旋している。センターは地域内の大半の宿泊施設の斡旋窓口となることで、旅行代理店との一括交渉権を獲得したのである。このことは、同時に旅行代理店と対等に交渉できる力量ある人材を「ふらの観光協会」が確保したことを意味する。

（3）富良野・美瑛地区のグリーンツーリズムの特徴と課題

富良野・美瑛地区におけるグリーンツーリズムは、観光を主体としたグリーンツーリズムであり、その典型をファームインにみてきた。さらに、ここでの修学旅行生の受入れの特徴は、生徒をお客として扱う観光農園的、あるいはアウトドア的な観光型の農業体験ということになろう。

以前の修学旅行の定番メニューは旭山動物園を経由して富良野・美瑛地区で景観を鑑賞した後、空知管内で農業体験というものであった。農業体験までも富良野・美瑛地区で完結してもらいたいという願望が、修学旅行センター設立の契機となった。

しかし、ここで問題になるのは修学旅行生の農業体験の質の違いである。次節に述べる水田地帯で展開する食農教育的な農業体験とは異なり、富良野・美瑛地区では観光的要素の強い農業体験、アウトドア体験という農業体験、農村体験である。また、農業が主部門である農家と副次部門である農家とでは、自ずと修学旅行生に対する対応が異なる。

この問題はどちらの農業体験、農村体験が正しいのかという二者択一の問題ではない。修学旅行を主催する学校が、どのような教育効果を求めるかによることになろう。

受け入れ生徒数の問題もある。水田地帯では三~五人程度の少人数だが、富良野・美瑛地区では最低一〇人以上の生徒を受け入れている。農業体験のホスト役は主に農家の女性が担うことになろうが、農業体験が農繁期と競合する場合もあるため、受け入れ生徒数の多さもあり、本業である農業との労働調整が今後の課題として浮かび上がってくる。

3　食農教育型地域間ネットワークの事例——水田地帯・空知地域——

(1)　組織結成の契機とその後の経過

空知地域では行政主導で、農業体験の受け入れ農家のグループ化が進められていた。「滝川グリーンツーリズム研究会」、「深川・夢の農村塾」「美唄グリーンツーリズム研究会」などである。また、一部の農家では少人数校の修学旅行受け入れが徐々に進みつつあった。

これらのグループや農家は、空知支庁(現空知総合振興局)の勧めで、二〇〇一~二〇〇三年の三カ年間、「空知ふれあい・リフレッシュゾーン形成事業」に取り組むこととなった。前述の滝川、深川、美唄などのグループの農家を中心メンバーとして、交流事業に取り組む「ふれあいファーム」などを取り込んだ広域ネットワークづくりをしながら、修学旅行生受け入れに取り組んだのである。事業最終年には、一市町村だけでの修学旅行の受入は困難になり、今後、学校単位での農業体験の受け入れを可能にするためには、各地域の農家グループを統轄・調整する事務局機能を持つネットワークが必要という結論に達した。しかし、空知支庁自体が事務局を持つことや、ネットワークが自主的に持つ事務局に助成することも、予算制約から困難であった。

そこで支庁は、スキー場で修学旅行生を対象とした、貸しスキー業を経営している滝川市の（株）スポートピアに事務局を依頼し、グリーンツーリズムに取り組むグループが結集して、二〇〇四年二月に「そらちＤＥい～ね」が発足したのである。

(2) 農業体験学習受入の仕組みと実績

農業体験の受入はネットワーク事務局と、参加団体の事務局が連携を取りながら実施している。学校・団体からの受け付けは、旅行代理店経由が主流である。旅行代理店との折衝・調整（予約・価格・キャンセル・クレーム受付等）はネットワーク事務局が行う。参加団体の事務局の役割は、受け入れが決まった修学旅行生の農家への配分である。ネットワーク事務局が直接受け入れ農家に配分することもある。このようにネットワーク事務局が、受け入れ交渉や事務を一手に引き受けて、参加団体事務局の負担を軽減している。

ただし、ネットワーク結成以前から、直接修学旅行生を受け入れてきた団体がネットワーク事務局を介さないで、直接修学旅行生を受け入れるケースも存在する。これについては、歴史的な信頼関係の積み重ねがあるので認めている。しかし、修学旅行の受け入れが増加しているので、各団体の直接受け入れには限度があり、次第にネットワーク事務局に引き継ぐケースが増えている。

表6・5　年次別修学旅行生の受入実績

年次	学校数（校）	生徒数（人）	農家数（戸）	受入市町村	備　考
2004年	5	1,064	145	6	
2005	16	1,742	247	10	
2006	17	3,316	272	11	
2007	18	3,405	431	13	旭川市80人
2008	20	4,553	450	14	東川町479人 富良野市麓郷80人

資料：そらちDEい〜ね事務局調べ

表6・6　日帰り体験と宿泊体験の推移

（単位：校）

区分			2004年	2005年	2006年	2007年	2008年	2008年学校所在地
日帰り	道内	半日	1	1	4(4)	4(4)	2(2)	札幌市
		1日	-	-	-	1(1)	-	札幌市
		小計	1	1	4	5	2	
	道外	半日	2	6	6	4	9(2)	兵庫、大阪、京都
		1日	2	8(1)	4	3	3	兵庫、大阪
		小計	4	14	10	7	12	
		計	5	15	14	12	14	
宿泊	道外	1泊	-	1	4	6(2)	6(1)	大阪、兵庫、広島
		2泊以上	-	1	-	-	-	
		計	-	2	4	6	6	
合　計			5	17	18*	18	20	

資料：そらちDEい〜ね事務局調べ

注：1）2006年度の合計に＊印がついているのは、道外の同一高校が宿泊体験と半日体験を別々に実施したので、校数が1校重複しているためである。

2）（　）の中は、中学生である。

（3）これまでの受入実績

組織結成して以来の修学旅行受け入れ実績は、**表6・5**に示した通りである。修学旅行生および体験学生と学校は増加傾向にあるが、日帰り体験と宿泊体験の区別がつかないので、**表6・6**に日帰り体験と宿泊体験の内容を示した。

日帰り体験と宿泊体験を比べると、依然として日帰り体験の学校が多くなっている。学校所在地は、関西地方が多く、その多くは旭山動物園と富良野・美瑛地区の観光を、空知での農業体験とセットにしたものが多い。連泊は二〇〇五年に一件あったが、受け入れ側の負担が大きすぎたため、以後は断っている。

また、最近では中学生の農業体験が多くなってきている。道内の事例は〇四年に一回だけ岩見沢市の中学校を引き受けたが、それ以降は殆ど札幌の中学校であり、最近では減少傾向にある。しかし、道外、しかも関西の中学生はやや増加の傾向にある。

ネットワークは、農作業との競合で受け入れ農家が不足しないように、受け入れ農家を増やしている。滝川市、深川地区（深川市、秩父別町、北竜町、妹背牛町、沼田町）、美唄市、新十津川町、雨竜町、浦臼町、栗山町、芦別市の団体加入のほか、奈井江町、砂川市、月形町から個人会員が参加している。さらに、旭川市の個人会員と東川町の団体加入があり、受け入れ農家は空知管内から上川管内に拡大しつつある。

（4）食農教育型グリーンツーリズムの特徴

空知の水田地帯は、従来型観光に適した観光資源に乏しいので、一般観光客を対象とする観光振興は選択されなかった。その地域がグリーンツーリズムへと取り組むこととなった動機は、食農教育と地域農業のＰＲである。受け入れ農家には、豊かな緑の広々とした田園空間こそ、子どもたちの優れた教育環境という自負心があり、同時に、ＷＴＯ体制下の厳しい市場環境にさらされている農村の崩壊を防ぐため、都市住民の子弟に農業体験を通して水田農業への理解を得たいという思いがあった。さらに、生徒の家族や学校との交流へと段階を高め、国内屈指の良食味米地帯であることを知ってもらい、最終的には主産物である米の販売チャンネルを開拓しようという戦略があった。

そのために、食農教育の実を挙げることを最優先し、試行錯誤の末に一戸の受け入れ生徒数を三～五人に限定して、濃密な食農教育を実現してきた。さらに、受け入れ農家が自分を生徒の仮の親として、自分の子どもと同じように接した結果、生徒との心の交流が実現し、そのことが生徒の父母や学校との交流にまで発展しつつある。また、交流を一般観光客との交流ではなく、農業体験を行った学校関係者や生徒の家族にとどめることで、農業との両立が図られている。一般観光客の多様なニーズに応えるには、農家の負担増は避けられない。また、農繁期の競合も強まる。修学旅行生の受け入れ時期には季節性があり、ピークは六月と一〇月である。農作業と競合することもあるが、水田地帯であるため畑作地帯と比較すると比較的競合が少ない。いつ来るかわからず、しかも夏期間に集中しがちな都市住民よりも、訪れる時期が固定している修学旅行生を対象とすることで、農作業の段取りもしやすい。あくまでも本業の農業に差し障りのない範囲で、グリーンツーリズムを実施できているのである。

修学旅行生の受け入れは、多くは修学旅行市場の寡占状況を背景に強い交渉力を有する旅行代理店との折衝になる。この点で、旅行代理店と対等に交渉するため、スキー場やスキーのレンタル、そしてアウトドア体験の観光事業者に受け入れ窓口を一任した効果は大きい。地域貢献を重視する民間企業の透明性が高く、誠意あふれる業務遂行によって、農家は安心して修学旅行生を受け入れられている。

4　おわりに——北海道における体験型・滞在型グリーンツーリズムの可能性——

以上、修学旅行受け入れを事例に、北海道における体験型・滞在型グリーンの二つの類型、観光型と食農教育型の特徴をみてきた。

既存観光地に展開する観光型の修学旅行受け入れは、従来型観光の延長にある。あくまでも修学旅行生を一般観光客と同様にお客として、生徒の意向に沿った体験を提供している。したがって、観光資源を利用したアウトドア（カヌー、ラフティング、乗馬等）と同様に楽しく経験ができるように企画されている。

これに対して、既存の観光資源が存在しない地域に展開する食農教育型では、農業の多面的機能の観光商品化による経済効果への期待のみでなく、農業への理解を通して農業保護の国民的合意を得たいという動機、さらに家族や学校との交流を通して、農産物の販売チャンネルを開拓しようという戦略が存在する。そのために、食農教育の実をあげることが目指された。

北海道のグリーンツーリズムの方向性を示すのはどちらか、という問いは意味を持たない。観光型の展開は、地域に確立している従来型観光との共存を目指したものだからである。周遊型観光に組み込まれた観光地を訪れる観光客は、農業体験等を観光地における観光行動のメニューの一つとして期待する。その期待に応える形態として展開しているのである。また、少人数しか受け入れられないファームインが修学旅行に対応するには、ネットワーク化が欠かせないが、観光事業者のホテルやペンションをも取り込んだ、ネットワーク形成は既存の宿泊施設の補完によって、ファームインの受け入れ限界を打開する取り組みである。

食農教育型の展開は、どの地域でも農業の教育機能を活用することで、グリーンツーリズムに取り組めることを示している。この点では、観光型よりも普遍的な可能性を有する類型である。農業体験でも一農家が受け入れ可能な人数はきわめて少ない。修学旅行受け入れには、数百人規模の受け入れ体制が必要となるため、やはりネットワーク化が欠かせない。そのネットワークを限られた地域範囲に、短時間に作り出せるかが、この類型の課題となる。

ネットワーク化によって修学旅行受け入れを獲得し、経済的成果につなげるためには、強い交渉力を持つ旅行代理店と対等に交渉し、調整にあたる機能が必要となることを、両地域の事例は明らかにしている。富良野・美瑛地区では「ふらの観光協会修学旅行センター」が、「そらちDEい～ね」では事務局である（株）スポートピアがその機能を担っていた。両者は観光事業者、すなわち観光のプロである点で共通している。このことは、類型を問わず、農業内部からの六次産業化的展開には限界があり、地域内の観光事業者の持つノウハウを活用する連携が欠かせないことを示唆している（注3）。

注

(1)長尾［二〇〇五］一三～一八ページを参照。
(2)長沼町の取り組みについては松木［二〇〇七］に紹介している。
(3)農村観光における農業と観光産業の連携の課題については、松木・糸山［二〇〇九］および吉田［二〇〇六］を参照されたい。

【参考文献】

(1)青木辰司『グリーンツーリズム実践の社会学』丸善、二〇〇四
(2)小池晴伴・長尾正克「北海道における農村開発・農村観光の展開と特徴」『第一六回日韓中国際農業シンポジウム報告要旨』二〇〇九
(3)正木卓他「修学旅行生の受入れにおける地域間ネット・ワークの形成」『第一六回日韓中国際農業シンポジウム報告要旨』二〇〇九
(4)松木靖「北海道の農村観光振興と地域活性化」『第一四回日韓中国際農業シンポジウム報告要旨』二〇〇七
(5)松木靖・糸山健介「北海道における農村開発・農村観光の地域戦略」『第一六回日韓中国際農業シンポジウム報告要旨』二〇〇九

(6)長尾正克編著『グリーンツーリズム　北海道からの発信』筑波書房、二〇一一
(7)長尾正克・岩崎徹「北海道における第六次産業化の意義と課題」札幌大学『地域と経済』No.2、二〇〇五
(8)山崎光博他『グリーンツーリズム』家の光協会、二〇〇一
(9)吉田春生『観光と地域社会』ミネルヴァ書房、二〇〇六

第7章　農商工融合型ビジネスモデルの推進――江原道――

李　炳昨・徐　允廷

1　はじめに

韓国の農業と農村はＷＴＯの進展とＦＴＡ協定の拡大によって、ウルグアイラウンド以前と比較すれば、たしかに難しい局面に直面している。その根底には韓国農産物の価格競争力の劣位性がある。このような難局を打開するためには付加価値が高い差別化された商品を生産しなければならない。ところで、農村は高齢化しており、多くの農業者は農産物の生産技術に優れているとしても、それを高品質商品に加工する技術力と販売するマーケティング力が足りないのが現実である。

農業の生産性および競争力向上のためにはまず農業者が力を合わせるべきで、必要に応じて外部の異業種とも果敢に連携しなければならない。また、農村共同体の特性である相互扶助精神をうまく生かし、現在の大量生産・大量流通システムから疎外されている女性農業者や高齢者にも適切な機会を与えられなければならない。伝統食品や醗酵食品の場合、立派な技術やノウハウを農村の高齢者、主婦が保有している場合が多いのである。

これに影響を受けて、中小企業庁は二〇〇九年度から政策的な関心を持ち始め、農林水産食品部、農村振興庁、食品医薬品安全庁などの多部署が協力して事業を推進するようになった。韓国では中小企業庁において「農商工融合型中小企業育成事業」というタイトルで事業が行われている。

しかし、頻繁とは言えないが、農村資源の複合産業化を推進する過程で自然発生的に農商工融合が形成されたケースもある。二〇〇〇年代に入ってからは、本格的に地域の「内生的発展」が話題となり、農村地域にある既存資源を活用して農村産業を発展させようという努力が広がりをみせている。主体的側面では産・学・研・官のネットワーク構築（クラスター）が核心的課題に浮上することになった。これは農業特産物の栽培（一次産業）、加工（二次産業）、流通販売サービス（三次産業）が連携する「複合六次産業化」、融複合などが農家所得の増大と農村地域の経済活性化をもたらすというオルタナティブへの共感によるものだった。

だが、農商工融合は、ビジネス的な側面で地域経済主体間の関係性に焦点を合わせるという特徴がある。これは農政の対象が農業から農村へ、さらには食品産業まで拡張されていることに符合している。産・学・研・官のネットワーキングに意味があるのは、産業の持続可能な成長に寄与するからである。農商工融合は農村地域の産業主体間のビジネス的連携を通じて新しい事業と市場創出を促進するのである。

本章では農商工融合の概念とその特徴を既存の農村地域育成関連概念と比較し、その類似点と相違点を析出するとともに、農商工融合の事例を通じて韓国の農商工融合ビジネス活性化のための方向と課題を明らかにしていく。

2　農商工融合の意義と特徴

(1) 農商工融合の意義

韓国の農業は一九八〇年以前までは高い価値を持つ代表的な産業として大変重要な役割を果したが、一九八〇年以後は国の中心的産業が製造業に移行したため農業の持つ地位に変化が起きた。特に、開放化される世界経済状況の中で農業の構造的問題も浮き彫りにされるようになった。

したがって、政策対象も農業という産業的な側面だけではなく、農村という地域開発までを包含するようになり、このことにより農業を中心とした多様な産業開発と導入に関心がもたれるようになった。農村地域から多様な産業への進出に対する課題はいくつか指摘できるが、第一は農村地域に存在する資源に対する価値の発見と見直しである。これは農村地域に存在する資源を農産物生産の観点から拡大し、多角的に活用することに焦点が当てられている。

第二は、漸次的に農業生産物に対する高付加価値の技術導入が要求されるという点である。例えば、都市住民の食品摂取構造を見ると、食材が占める比率はますます減少し、加工品および外食は増加をみせている。しかし、このような産業関係から見ると農業の高付加価値化のためには農業のみではなく他産業との連携が要求されることもある。

第三に、農家所得の減少と所得構造の問題である。農家所得は一九九五年には都市勤労者の所得対比で九五％の水準であったが、二〇〇〇年には八五％、二〇〇八年には六五％、二〇一一年には五九％と格差が拡大している（金ビョンニュル他［二〇一三］）。これは農業生産のみでは都市勤労者と同様の水準の所得を上げにくいということを示唆する。

第四に、人口の高齢化である。二〇一一年の農家人口は二九六万人であるが、この中で六五歳以上の高齢者の比重は三四％を占める。韓国農村経済研究院の推計によると、この傾向は継続し二〇二二年には四四％に至る見通しである（金ビョンニュル他［二〇一三］）。高齢化は農村地域の新しい事業開発を裏づけ、牽引する専門的な学習能力と積極性において問題となるといえる。資源の多機能化を達成するためには新しい知識の導入と情報の交流は必須なのである。

第五は、農業・農村に対する都市市民の関心である。農林水産食品部の集計によると帰農・帰村の世帯数は二〇〇一年の八八〇戸から二〇〇六年には一、七五四戸、そして二〇一一年には一〇、五〇三戸と最近大きく増加を見せている。また、二〇一二年の「韓国農村経済研究院」による都市住民調査結果によると、農漁村への移住の意向を持つという回答者が全体の四九％を占め、帰農・帰村の意向を持つ都市住民が非常に多いことがわかる（成ジュイン・朴ムンホ［二〇一三］）。都市住民の農業・農村に対する関心をどのように農漁村産業育成に反映するかはもう一つの課題である。

農業・農村が直面している状況は、結局、農村地域の資源を土台にし、多様な技術と情報を活用して市場に適合した事業の多角化を試み、これを推進できる主体を確保できるかどうかに帰結する。

こうした中で問題になるのは、既存の農村地域で中枢的な役割を果たしている農業者の役割と能力である。したがって、農商工融合の課題は農業者内部の能力強化のために関連ネットワークを確保することにある。外部ネットワークの質的・量的拡大は、結局、農業者と農村地域発展の基盤になることにある。

(2) 農商工融合の概念

農商工融合は、農林漁業者と中小企業者などが有機的に連携して事業を展開し、農林漁業の競争力強化と中小企業の経営能力向上を図る努力の一環である。これは農業者が持っている特性・長所、商工業者がもっている特性・長所の結合を通じて、新市場、新事業の創出を目的とし、これを通じて地域経済活性化、さらには国際競争力の強化を図ろうとする方式である。

このような農商工融合は、農業者がより主体的に参加し、商業者および工業者などとの共生を目的に新しいビジネスチャンスを創出、維持する持続可能なネットワーキングであると概念化することが望ましい。

(3) 農商工融合の特徴

農商工融合を概念的立場で見ると、二種類の側面で理解することができる。第一は農業、商業、工業の連携であり、第二は農業者、商業者、工業者の連携である。前提は主体とは関係なく農業生産活動、商業活動、工業活動の機能的連携を意味し、後者は主体と機能を同時に連携することである。

このような観点から、二〇〇〇年代に入り活発に推進されている「複合六次産業」、「クラスター」および「地域革新体系」の構築を見る必要性がある(**表7・1**)。この概念的フレームは農林水産食品部および知識経済部などの農村地域関連政策事業の根幹になっており、多くの地域で実際に事業が推進されているからである。

表7·1　農商工融合と類似概念の比較

	農商工融合	複合6次産業	クラスター	地域革新体系
基本概念	農業者、商業者、工業者の連携を通した新事業、新市場の開拓	栽培、加工、観光サービスの融複合化	特定地域で関連した類似業種間の他機能を有する主体の集積	産学連携などを通じた革新体系構築
空間的範囲	地域内+地域外	地域内	地域内	地域内
農商工融合との類似性	-	農村資源の多元的活用	農商工融合促進のための地域的基盤条件の一つ	農商工融合促進のための媒介および支援機関の役割と連携可能性
農商工融合との差異点	-	農業者の能力強化による融複合で成果の限界性	非農産業分野の異業種交流への拡張の限界性	農業者、商業者、工業者が産業別に区分され、産業間のネットワークの不備

1 複合六次産業と農商工融合

複合六次産業は一次産業、二次産業、三次産業の融複合化を通じて農村地域開発および経済活性化をなし遂げる核心概念として位置づけられている。すなわち、地域で生産される産物を加工し、これを観光サービス産業にまで結びつけるという概念である。

これまでは複合六次産業のための内部的条件として農業者の観光事業や加工事業における能力強化が強調されてきた。したがって、観光事業や加工事業、流通販売事業に能力を持つ主体との連携協力には不備があった。この点で農商工融合は農業者の弱点であった経営および市場技術を確保する重要な方法であり、複合六次産業の持続的な発展の成功を可能とするものであった。

2 クラスターと農商工連携

「産業クラスター」は、類似した業種を持つ他の機能の産業主体が特定地域に集積することを意味する。韓国では二〇〇〇年に入ってから本格的に議論され始めた。農業分野でも二〇〇四年から「一定地域で農業の生産、流通、加工、保存など農産業関連企業、地方大学(農学系大学)、農業関連研究所、市・郡などが産・

表7·2　農商工融合の類型別の区分

番号	類型別区分	連携	連携内容
1	流通提携型	流通大企業連携	義城ニンニク一(株)ロッテハム
2	外食提携型	外食企業連携	平沢米一（株）スターバックス
3	付加価値技術開発および素材開発型	中小企業および技術集約企業との連携	扶安クワー（株）東進
4	地産地消型	管内中小企業および商工業者との連携	坡州長短豆一管内外食業者
5	文化マーケティング型	食品企業連携	華川トマト一（株）だるま
6	共同事業型	中堅企業連携	高唱トックリイチゴ一(株)クッスン堂

学・研・官ネットワークを形成し、相互作用を通じて参加業者のビジネスチャンスの拡大と地域農業の革新に効果をあげる集合体」として地域農業クラスターを概念化し、政策的に事業が推進されてきた。

しかし、この概念では非農業産業分野との協力に対する要素が欠落し、そのネットワークの対象が地域的に限定されていることが特徴である。

③地域革新体系と農商工融合

地域革新体系は、地域において農商工融合が活発になる条件である。しかし地域革新体系は、科学技術体系と企業支援体系との関係の中で産業体系を考える性格が強いため、産業体系の中での農商工融合に関するメカニズムに対する接近には不備がある。

3　農商工融合の類型と事例

(1) 農商工融合の類型区分

徐允廷他（二〇一〇）は、農商工融合の類型を流通提携型、外食提携型、付加価値技術開発および素材開発型、地産地消型、文化マーケティング型、共同事業型に区分している（**表7・2**）。

表7·3　流通提携型

項目	内容	その他
農商工融合対象品目	ニンニク	寒地型ニンニクの代表的産地
農商工融合事業部門	商品開発、販売	 
農商工融合参加推進主体	義城郡一大企業（ロッテ）、営農組合法人	
示唆点	長期的取り引きで消費者信頼度およびブランド認知度構築	

表7·4　外食提携型

項目	内容	その他
農商工融合対象品目	米加工商品	経営主が直接親環境農法で米を生産し、加工
農商工融合事業部門	商品開発、販売	  
農商工融合参加推進主体	京畿道、営農組合法人、スターバックス	
問題点および示唆点	京畿道、平沢市の米だけでなく特産物を多様な加工食品にして販売しているため平沢農産物の広報および認知度向上に大きく寄与	

①流通提携型—義城郡・ロッテ

義城郡は、寒地型ニンニクの主産地として全国生産量の約三五%を占めている。栽培農家では規格外のニンニクを畜産協同組合に供給して牛と豚などの飼料に活用している。また、大型流通業者は「義城ニンニクハム」等を開発し、差別化された加工食品を開発して市販している（**表7・3**）。

②外食提携型—平沢ミドゥム営農組合法人

この営農組合法人は京畿道の支援と自身の努力で米加工に適合した品種を選定して、米加工商品を開発している。有名カフェフランチャイズおよび多様な流通チャネルに納品しているが、事前に消費トレンドを把握し、ニッチ商品を開発して市場需要に応えている（**表7・4**）。

③付加価値技術開発および素材開発型—扶安クワ

扶安郡は全国のクワの最大の主産地である。本来は

表 7·5　付加価値技術開発および素材開発型

項目	内容	その他
農商工融合対象品目	クワ	健康食品としてのクワの効能が認められ栽培面積急増
農商工融合事業部門	商品開発、販売	
農商工融合参加推進主体	扶安郡農家―中小企業（東進酒造）	
示唆点	着るクワから食べるクワへの認識転換を通した代表的成功事例	

表 7·6　地産地消型

項目	内容	その他
農商工融合対象品目	長短豆	長短豆祭りで認知度上昇
農商工融合事業部門	収買	 
農商工融合参加推進主体	農協、加工業者、生産農家	
示唆点	一元集荷により安定した流通網を有する	

マッコリ業者だった東進酒造は、近隣の高敞郡のトックリイチゴ酒と差別化を図るために、二〇〇三年に「クワ酒」を初めて生産し、二〇〇五年には扶安郡のクワ産業への特化という背景の中で「扶安クワ酒」というイメージを構築した（**表7・5**）。

4 地産地消型―坡州市の長短豆・管内外食業

坡州市の長短豆は「長短豆祭り」で認知度が高く、消費者選好度が良好でほとんどが直取引を通じて販売されている。最近坡州市では安定的な販路開拓のために、長短豆の専門飲食店および専門加工メーカーの管内誘致に努力している（**表7・6**）。

5 文化マーケティング型―華川トマト

華川郡の華岳山トマトは、品質の良いトマトとして好評である。この点に着目してトマトを主原料とする中堅企業が自社の文化マーケティング戦略として「トマト祭り」を後援し始めた。以降、規格外のトマトを買入れて「華川トマトで作ったスパゲティソース」等を開発し、大型マートなどで限定販売するなど、より積極的に協力関係を育てている。これにより、市場へのト

表 7·7　文化マーケティング型

項目	内容	その他
農商工融合対象品目	トマト	華川のトマト祭りの人気上昇
農商工融合事業部門	祭りおよび商品開発	
農商工融合参加推進主体	中堅食品企業、華川トマト営農組合法人、華川トマト祭り推進委員会	
示唆点	規格外トマトを活用し加工商品開発、一時期に販売し、華川トマトのブランド価値向上に寄与	

表 7·8　共同事業型

項目	内容	その他
農商工融合対象品目	トックリイチゴ	全国のトックリイチゴ生産の 45%占有
農商工融合事業部門	商品開発、販売、流通	
農商工融合参加推進主体	企業、高唱郡、高唱農協	
問題点および示唆点	トックリイチゴの選択と集中から中心的付加価値産業に浮上	

マトの出荷量を調節し、規格品のトマト価格も高位安定化している（**表7・7**）。

6 共同事業型―高唱郡トックリイチゴ

高唱郡はトックリイチゴの主産地として有名である。中堅酒類業者と高唱郡のトックリイチゴ営農組合法人が共同出資し、酒類業者から技術移転を受けてトックリイチゴ酒を生産し、現在の酒類業者の販売ルートを通じて販売している（**表7・8**）。

(2) 事例からみた特徴点

以上の事例を見ると、ほとんどのケースで大企業との連携が多く、契約関係のなかで農家の役割が低く、企業中心の形態が多い。また、農家の自発的な連携より道・郡の支援による契約が大部分であり、流通販売ないし加工メーカーとの契約により農家の所得向上および地域経済の活性化が図られている。

ここから農商工融合のなかで農業サイドが中心的な存在と

なるためには、多数の農家が集まった生産者団体等を通じて企業に対する積極性を発揮する必要があることがわかる。また、農家が単純に農産物を企業に提供する関係から抜け出し、企業に対し新しいアイディア商品を提示し、継続的に農産品および農加工品の品質改善に努めなければならない。

特に、農産物の規格外品の使用は農家に新しい所得創出の機会を用意するとともに、企業の立場からも安価な原料供給を受けて消費者に安価な農産物加工品を供給することができる。これにより、農家、企業、消費者が互いにウィン・ウィンの関係を形成することができる。また、企業の立場からも地域内の農産物を受け入れることで地域の経済活性化に寄与することを踏まえ、自社の差別化手段として地域の農産物を活用した商品開発に努力しなければならないだろう。

4　農商工融合の実態

ここでは、韓国における農商工融合の実態を把握するため独自に実施したアンケート分析の結果を紹介する。アンケートは二〇一〇年五月から一〇月までの期間、九道、三八市・郡を対象とし、四三の回答を得ている（**表7・9**）。

農商工融合の直接的動機は市場進出と新しい商品の開発にあり、直接の接触や博覧会およびセミナーを通じてパートナーと連携していることが明らかになった。農商工融合の空間的範囲は地域内に留まらず域外をも対象としており、参加組織は農業側は作物班、商業側は営農組合法人と中小の加工メーカー、流通販売組織は地域農協が最も多かった。

表7·9　農商工融合の実態

区分	項目	頻度	比重（%）
農商工融合の直接的動機	新しい商品開発	18	23.4
	市場規模の拡大	15	19.5
	市場創出	19	24.7
	新技術の開発·導入	8	10.4
	経営資源の効率的使用	4	5.2
	新しい事業モデル発掘·開発	12	15.6
	その他	1	1.3
連携パートナーの組織認知経路	周辺紹介	10	17.9
	交流会およびフォーラム	5	8.9
	関連セミナーおよび博覧会	12	21.4
	直接接続	27	48.2
	その他	2	3.6
生産者組織	農家単位	8	15.7
	作物班	20	39.2
	営農組合法人	18	35.3
	農業会社法人	3	5.9
	その他	2	3.9
流通販売組織	地域農協	21	28.8
	農協中央会	7	9.7
	フランチャイズ	5	6.8
	地域内商店街	9	12.3
	流通販売組織(中小規模)	16	21.9
	流通販売組織(大型規模)	5	6.8
	伝統市場	2	2.7
	その他	8	11.0
加工組織	営農組合法人	16	29.1
	農業会社法人	5	9.1
	地域農協	14	25.5
	加工業者(中小企業)	16	29.1
	その他	4	7.2
農商工融合の空間的範囲	地域内	11	25.6
	地域外	2	4.6
	地域内＋地域外	27	62.8

表 7·10　農商工融合の成果およびジレンマ

区分		平均	非常に高い	高い	普通	低い	非常に低い	計
農商工融合の成果	売り上げ増大	3.7	4.7	65.1	25.5	4.7	-	100
	新しい事業モデル（商品）開発	3.95	16.3	62.8	20.9	-	-	100
	消費者の信頼度醸成	4.05	23.9	57.1	19	-	-	100
	経営力量強化（機能的補完）	3.74	11.9	50	38.1	-	-	100
	新しい市場開拓	3.77	18.6	44.2	32.6	4.6	-	100
農商工融合のジレンマ	利益配分のトラブル	3.19	7.2	33.3	35.7	19	4.8	100
	共同目標とビジョンの設定、共有	3.54	9.8	48.8	29.2	9.8	2.4	100
	単発的取り引き関係	3.12	4.8	28.5	45.2	16.7	4.8	100
	ブランドおよび品質管理	3.56	14.6	41.5	29.3	14.6	-	100
	連携媒介組織活用	3.57	4.8	54.8	35.6	2.4	2.4	100
	収益モデル開発	3.5	9.5	42.9	38.1	7.1	2.4	100

表 7·11　農商工融合の項目別の重要度

区分			平均	非常に高い	高い	普通	低い	非常に低い	計
農商工融合の時、考慮する重要要因	ビジョンおよび目標に対する価値共有程度		4	35	56	9	-	-	100
	市場および消費者情報共有		4	31	57	12	-	-	100
	経営ノーハウおよび経営情報共有		4	31	52	17	-	-	100
	技術ノーハウおよび技術情報共有		4	28	51	21	-	-	100
	関係の持続可能性の可否		4	38	45	17	-	-	100
農商工融合パートナー選定基準	国内産原料および安定性の理解		5	61	35	2	2	-	100
	対外的評判および信頼度		4	51	37	12	-	-	100
	経営力量の程度		4	44	44	12	-	-	100
	事業に対する積極的意志		5	63	30	7	-	-	100
	CEO の資質		4	56	37	7	-	-	100
農商工融合協力プログラムの重要度	中間媒介組織の活性化		4	12	68	17	2	-	100
	共同開発	新商品の共同開発	4	37	51	12	-	-	100
		新技術の共同開発（導入、移転）	4	29	62	10	-	-	100
	販売協力	新市場創出プログラム	4	36	55	10	-	-	100
		広報マーケティング協力	5	62	36	2	-	-	100

農商工融合の結果は、売上げの増加や新たな事業モデルの開発など肯定的成果が導き出されているが、利益分配のトラブル、協力範囲の不明確化、共同目標とビジョン設定のトラブル、ブランド品質管理の問題が発生していることが明らかになった（**表7・10**）。

農商工融合の際、パートナーとの長期的連携の可能性、ビジョンおよび目標に対する価値の共有が重要な要因であり、連携パートナー選定においては事業に対する積極的意志と地域内の農産物を活用する意志の存在が必要であることが明らかとなった。

円滑な農商工融合のための協力プログラム開発においては、販売協力プログラムが最も重要であり、続いて新商品を共同開発できるプログラムの存在が求められていた（**表7・11**）。

5　農商工融合の発展方向

以上の農商工融合の事例およびアンケート調査の分析結果から、今後の韓国における農商工融合の方向性と課題を整理してみよう。

(1) 事業推進主体としての農業者の役割強化

事例からもわかるように、農商工融合において中核となるべき農業者の役割が低位にあることが明らかとなった。今後は、生産、加工、流通、マーケティングなどの過程で、農業者が単なる原料農産物の供給という従属的な位置に留まらず、持続可能な事業的ネットワークの主体に成長しなければならない。

したがって、韓国の農商工融合の概念は農業者が主体的に参加し、商業者および工業者との共生のもとで新しいビジネスチャンスを創出する持続可能なネットワーキングであると定義づけることが妥当であろう。このような概念は、今後の農商工連携のための政策方向の根幹に位置づけなければならない。

(2) 農業者・商業者・工業者の共生を通じた国際競争力の強化

既存の農業者と企業（商工業者）との連携活動は恩恵的または取引き的関係に留まる形態が多かった。しかし、農業、農村が持つ長所を農業者を通じて関連する商工業者が活用したり、共同で発展させる過程を通じて、ビジネス的観点からも相互に有益であるという点を認知させる必要性がある。

また、地域の特産物のみならず、農村地域にある伝統技術および関連文化的要素にも着目し、これを共同で事業化することによって差別化された競争力を確保することが、ビジネス環境に適応するためにも重要であろう。実際、ひとつの国の産業はその地域の文化と生活環境を反映しており、産業と文化の発展が共生することになるのである。

特に、生産・研究開発・加工・販売・観光・消費の価値連鎖のなかで、全般にわたる効率化と連携を強化することで一つの有機体的な経済生態系を構築することが重要である。農商工融合はその主体に対する考慮を通じて関連機能と構造を確立し、理想的な経済システムを構築することに有益である。

このような活動を通じて、農業・農村地域に対する支援が補助から投資へ、政府から民間のレベルへと拡大することで、国全体の効率性および競争力向上が期待される。

（3）地域フードシステム活性化のための農商工融合の促進

農業者が生産した特産物が地域で加工され、消費されるシステムを構築することが必要である。これを通じ、最近注目されているフードマイルおよび食品の安全性向上、地域経済の活性化などが期待できる。また、地域で活動する関連経済人（商業者、工業者）と農業者のネットワーキングを通じて、農漁村産業の融複合化を促進し、地域ブランドのイメージおよびアイデンティティを構築しなければならないだろう。

重要なのは、地域内の農業者と商業者、工業者において利害関係の調整の困難さを、共同体的な経済基盤に対する認識向上を通じた連携意識の醸成によって克服することである。なぜなら、地域内の農業的、商業的、工業的活動の連携は究極的には地域産業のブランド価値を高め、その恩恵が地域に再び還元され、波及するからである。

（4）新しいビジネス創出方策としての農商工融合の促進

農業が保護の対象ではなく、新しいビジネス創出の機会をもたらすことを関連商工業者に広める必要性がある。最近のビジネストレンドを見ると、農村との関係を通じて消費者の信頼度の向上や新商品開発が促進されるからである。

まず、食品企業にとって地域の特産物を活用した製品開発が商品の多様化を通じて新規の収益源としての役割を果たすだろう。食品産業においては製品の多様化は競争力の向上の尺度として認識されており、社会的にはすでに安全・安心が食品産業のキーワードとして定着しているためである。

このようなトレンドをみれば、食品企業の立場からも原材料の信頼度を保証できる関連農業者との連携は重要な価値創出の原動力といえる。したがって、農業特産物を活用した商品開発および多角的な活用は農業との共生をもとにした収益源の役割を果たすことができるのである。

第二には、もう一歩進んで、食品企業だけでなく農業特産物を素材とする多様な産業群との連携を摸索する必要がある。例えば、化粧品、生活用品、医薬品などの領域がそうである。もちろん、関連した技術的ノウハウのレベル、ブランド障壁など農業者が直接参加しにくい面もあるが、一つの素材産業を育成するという面での連携は必要である。

第三に、小商工業者には自らの差別化の手段として関連農業者との連携可能性を広める必要がある。差別化された競争力を探求する小商工者と農業者との連携を通じて商品の信頼度を高め、農業者にとっても新しい収益源を形成する必要がある。すなわち、地域農業が小商工業者の新しい事業開発において役割を果たすことである。

第四に、新規作物の普及および拡大においては、需要先（関連商工業者）確保の面でも関連製品開発および販売を奨励する必要がある。米消費の急減、農業者の高齢化などにより新規所得作物の導入への探索は続いている。しかし、新規所得作物は消費者への知名度が低い場合が多いので、これに対する販売先の確保が難しい場合も多い。したがって、新規作物の普及および拡大において直接に消費者と接する商業者、これを加工できる加工業者との連携を活用する必要性がある。

(5) 農村地域の開発方策としての農商工融合の促進

まず、企業の退職後プログラムや福利厚生プログラム等を通じて、帰農・帰村などの定着支援との連携による関連商工業者の農村地域開発への参加を促すことが必要である。これは農村地域の人口流入および農業活動の可能人口増加に寄与する可能性があり、農村地域の新しい活力要素として位置づけられる。これは都市における遊休労働力の就業先確保や農業・農村での創業を促進する契機になるからである。

さらに、大都市における商工者の店舗と地域農業者がマッチングすることで大都市の消費者に地域の農業をアピールし、訪問の機会を提供することにもつながるのである。

6　おわりに

以上のように、農業・農村の経済社会的オルタナティブとして、農商工融合が注目されている。これは既存の農業・農村の融合・複合化および革新体系の強化においては根本的な要素として扱われてこなかった産業主体間の連携を通じて技術移転の事業化を図り、販売の活性化、新商品開発の地域活用を実用化するという意味がある。また、減少する農村地域の経済活動人口の増加と雇用創出、さらには食品の安全性と信頼性の向上により、国民の健康増進の領域にまで波及効果を与えることができる。

本章ではこれまでの農政の方向性における農商工融合の重要性を把握し、その再検討を行うこととした。また、農商工融合と類似の事例の検討を通じ、韓国の農商工融合の類型を流通提携型、外食提携型、付加価値技術開発および素材開発型、地産地消型、文化マーケティング型、共同事業型に区分した。

このような事例を通じて、韓国の農商工融合の特徴は主産地が中心となり、大企業を連携するパートナーとし、行政機関が中心的な媒介機関になって推進されていることが明らかとなった。農商工融合が地域内の経済循環に果たす役割は限定的で、参加農業者の役割も低位なものであった。

しかし、農商工融合は共生的関係の中での収益性の議論として、農業・農村の意義を再設定することを可能にしている。今後は、企業が農業・農村の有する有形・無形の資源をもとに新たなビジネスチャンスを発見する姿勢を強めるであろう。また、農業者の姿勢も現在の消極的な参加の水準から事業アイテムと経営ノウハウ交流などの積極的な参加に転換する必要があるだろう。

また、農商工融合においては地域の小商工者と中小企業を積極的な連携パートナーとして共生関係におく努力を持続しなければならないだろう。農商工融合は、地域経済の再生のために地域経済共同体の媒介者としての役割を果たさなければならない。

したがって、今後は農商工融合の概念に「農業者が主体」、「持続可能なビジネスネットワーク構築」というキーワードを導入することが求められる。

このような概念の下で、韓国型の農商工融合は、事業推進主体としての農業者の役割強化、農業者・商業者・工業者の共生を通じた国際競争力の強化を図り、ローカルフードシステムの活性化と新ビジネスの創出、さらには農村地域開発の促進主体として強化されなければならない。

また、これを実現するためには、農商工融合のための農業者の組織化および能力強化、農商工融合組織の育成および活性化、公的な媒介プログラムの発掘・普及および拡大、地域内の農商工融合の活性化の促進、R&BD能力の強化、各専門担当者による経営資源の共有および活用の促進を図らなければならない。

【参考文献】

(1)金ビョンニュル・金ミョンファン・韓ソッホ・趙ゼソン・金テウ「二〇一三年の農業および農家経済の動向と展望」『農業展望』二〇一三（Ⅰ）、韓国農村経済研究院、二〇一三

(2)金ヨンヨル『地域単位の農商工連携方策と拡大の可能性』韓国農村経済研究院、二〇一一

(3)金ヨンヨル・許ジュニョン・金セジョン・鄭ミョンウン『農商工融合型中小企業支援の実効性確保に関する方策』韓国農村経済研究院、二〇一一

(4)徐允廷・呉ウンジ・洪ソンハグ・許ユンジョン『新市場・新産業創出の農商工連携事例集』農村振興庁、二〇一〇

(5)徐允廷・李炳昨『農食品ビジネスの高度化のための農商工連携方策』農村振興庁、二〇一一

(6)徐允廷・李炳昨「農商工融合政策の方向と課題」『農政研究』41号春号、二〇一二

(7)徐允廷・李炳昨・李ジンホン「わが国の農商工連携の現状と課題」『農村観光研究』第18巻第2号、二〇一一

(8)徐允廷・李炳昨・李ジンホン・朴ジョンウン「ＡＨＰを利用した農商工連携の根本的要素の検出」『農業経営・政策研究』第38巻第4号、二〇一一

(9)成ジュイン・朴ムンホ「農漁村活性化のための帰農・帰村政策の方向と課題」『農業展望』二〇一三（Ⅱ）、韓国農村経済研究院、二〇一三

(10)李トンピル・金ギョンドク・宋ミリョン・金ヨンヨル・金グァンソン・崔ギョンウン・朴ドンジン・呉ジュングン『農漁村産業政策の推進体系の改編のための方策』韓国農村経済研究院、二〇〇八

(11)李テホ・徐允廷・安ドンファン・李炳昨・李鍾寅『農漁村産業育成を通じた農漁村経済の活性化政策の方向性に関する研究』農林水産食品部、二〇〇九

第8章　農業の六次産業化と地域ブランド形成の課題――北海道――

小林国之・小池晴伴・杉村泰彦

1　はじめに

現在、農産物マーケティングを考える際に重要な概念のひとつが「地域ブランド」である。その背景として以下の点が指摘できる。一つ目には、農産物が生産される地域がもつ自然条件が、その品質に不可分な特質を付与する際に、その製品のもつ特質が「地域」由来であることから地域ブランドとして認識され、差別化されることがある。その製品が高い市場性をもつ場合には、高い付加価値を持つことになる。

もう一つとして、品質のみでは差別化が困難な農産物であっても、それが生産される地域がもつ社会的・歴史的な独自性・個性を製品イメージに盛り込むことによって、他の製品と区別することでブランド化できる場合がある。そして、そのイメージが市場により評価されることによって付加価値につながる可能性がある。農産物のように、その生産が特定の地域において、その自然的・社会的・歴史的条件に影響を受けて行われる場合、地域ブランドが一つの重要な概念となるのである。

農産物の地域ブランド化の取り組みは、これまで産地づくりを行ってきた農協組織においても見られるが、近年は、農協や農業者のみではなく、地域内の加工業者や流通、販売業者など連携し、地域振興策の一つとしても行われているのが特徴である。それらは、農商工連携や六次産業化と呼ばれる動きである。

農業の生産基盤の弱体化、農村経済の停滞への対策として、一次産業である農業それ自体の振興のみではなく関連する産業と結びついた戦略的な発展を目指そうという取り組みが、農村振興・農業振興の一つの手法として注目されている。

二〇一〇年一二月に公布された「地域資源を活用した農林漁業者等による新事業の創出等及び地域の農林水産物の利用促進に関する法律（六次産業化法）」で一躍注目を浴びるようになった「六次産業化」にむけて、法整備とそれに伴う様々な助成・支援体制が整備されている。六次産業化という言葉自体は九〇年代中盤に提唱されてきた言葉であり、二次、三次産業に農業がより踏み込んで、高齢者、女性などにも就業機会を与える事業活動を指していたが、現在の六次産業化法ではより広く新商品の開発および新規販路開拓に取り組む事例への支援を意図している。

北海道としては、これまでも農協系統組織が「二次」、「三次」産業部門を農家と分担しながら、北海道全体として効率的なフードサプライチェーンを構築してきた。また、個別の事例では、法人経営による加工、直売などの取り組みがすでに見られている。

とりわけ、地域ブランド化の動きと六次産業化との関連をみると、六次産業化はこれまでの大規模・効率化を第一義としたフードサプライチェーンのなかで「こぼれ落ちてきた」地域資源を再評価し、そこに価値を創出す

表8·1　地域ブランド概念の変遷

時期	特徴	ブランド化主体	消費の特性
1970年代	特産品（低価格産品）	同質な生産者集団	基礎的消費の時代
1990年代まで	差別化商品	独自の技術、材料を所有する主体	選択的消費の時代
1990年代以降	地域そのもののブランド化	人の見える地域	ストーリー（情報）消費の時代

資料：関・及川［2006］を参考にして、筆者が作成。

るという「地域作り」の視点から注目されている。

本章では、地域作りという視点にくわえて、農産物のマーケティングという視点からも「地域ブランド」が注目されているその背景と意義について整理をした上で、北海道における地域ブランド化の取り組みを紹介する。対象としては、これまでのブランド化の中心である農協による米の販売戦略の変遷と地域ブランド化、流通の仕組みから地域ブランド取り組みが見られてこなかった小麦における農業者、製粉業者などが連携した取り組みを紹介した上で、農業の六次産業化と地域ブランド化の課題について考察する。

2　地域農業論と地域のブランド化

地域ブランドという概念の意味するものは歴史的な変化を遂げてきている。**表8・1**にその歴史的な性格の変化を整理した。一九七〇年代頃まで地域ブランドというのは、国産品をベースにして、同質的な生産者による全体として同質的な低価格・量産品生産をする集団が主体となって、基礎的な商品を作っていた。大量消費社会に対応した低価格・大量生産を可能とした地域が、地域ブランドとして認識された時代である。例えばタオルの産地、瀬戸物の産地というような、同質・低価格として特徴づけられる特産品という形態の地域ブランドを形成してきた。

表8·2　ブランド化概念の対比

	地域ブランドの価値を高める	地域のブランド価値を高める
目的	商品の価値を高める	地域の価値を高める
構成要素	生産技術・材料・認証制度・マーケティング戦略	地域固有の文化・地理的条件・歴史・景観等
消費・取引対象	モノ・数値・記号	モノとその背景にあるネットワーク

量の確保が達成された時代を経て、一九九〇年代までの地域ブランドは、差別化商品の時代であり、消費の個性化という違うものを求める消費者のニーズを背景として、差別化商品を生産することによって形成された。

一九九〇年代以降の地域ブランドは、「地域のブランド化」がその特質といえるのではないか。豊かな成熟社会に対応するため、人の姿の見える地域というものが主体となって地域がブランド化されていく。そこで生産・消費されるものは、物語性のある商品、商品の背景にある情報であり、商品が作られる場、地域の個性までも消費（消費という言葉が適切かどうかは検討が必要であろうが）しようというのが、現在の地域ブランドの特徴といえる。

表8・2をみながら、「地域ブランド（商品）」と「地域のブランド化（地域の個性）」を対比させて検討してみよう。地域ブランドの価値の向上は、物（商品）の価値の向上である。その際に重要な要素は原材料、生産加工技術、品質保証・認証制度であり、商品のマーケティング戦略である。そこで取引（消費）されるものは、商品自体がもつ性能、認証制度で保証された農薬の使用基準、製造技術など数値的・記号的なものである。

一方、「地域のブランド化（地域の個性）」とは、前述のような「地域ブランド（商品）」の価値を高めていくことに対応させると、地域の価値を高めることと考えられる。生産技術や認証制度に対して、地域の文化や地理的歴史的特殊性、自然、景観といった地域に直接的に結びついたものが価値として重要と考えられる。そこで取引（消費）されるものは、商品自体に加え、その背後にある様々な主体との相対的なつながりというものになると考えられる。

これまで生産者・産地（地域）は、農産物および数値・マークとして表象された情報を通じて消費者とつながっていた。そうした関係から、その農産物が育てられた地域の気候、風土、人物、歴史といった様々な要因の総体としての「地域の個性」と、一般化された消費者ではなく、農産物の背景にある「地域の個性」に対する個別的な嗜好性を持つ消費者とのあいだに、いかにして社会的・経済的ネットワークを形成するのかが課題である。川上、川下という考え自体がもう通用しない。製品作りの段階からすでに作り手、売り手、買い手同士がネットワークを組んでいるという実態を踏まえるならば、人・社会・制度・自然・文化などのネットワークからなるハイブリッドな集合体を分析対象とすることが重要なのである。

3　北海道米の生産と地域ブランド化戦略

戦後、日本における米流通は、政府による流通規制の緩和によって、大きく変化してきた。そして、米のブランド化は、流通制度に大きく規定されて展開した。一九九五年一一月の食糧管理法の廃止、食糧法の施行によって、流通規制が大幅に緩和されると、産地や卸・小売業者が、有利販売を目的にブランド化を活発に行うようになった。

近年、米ブランド化の状況は、変化している。これまでは、産地という地理的要素、品種という作物的要素によってブランドが形成されていたが、販売競争が激しくなるなかで、産地としていっそう差別化を図るために、品種ブランドを基本としつつも、独自の基準を設定してブランド化を行う動きが出てきた。産地として、品質・

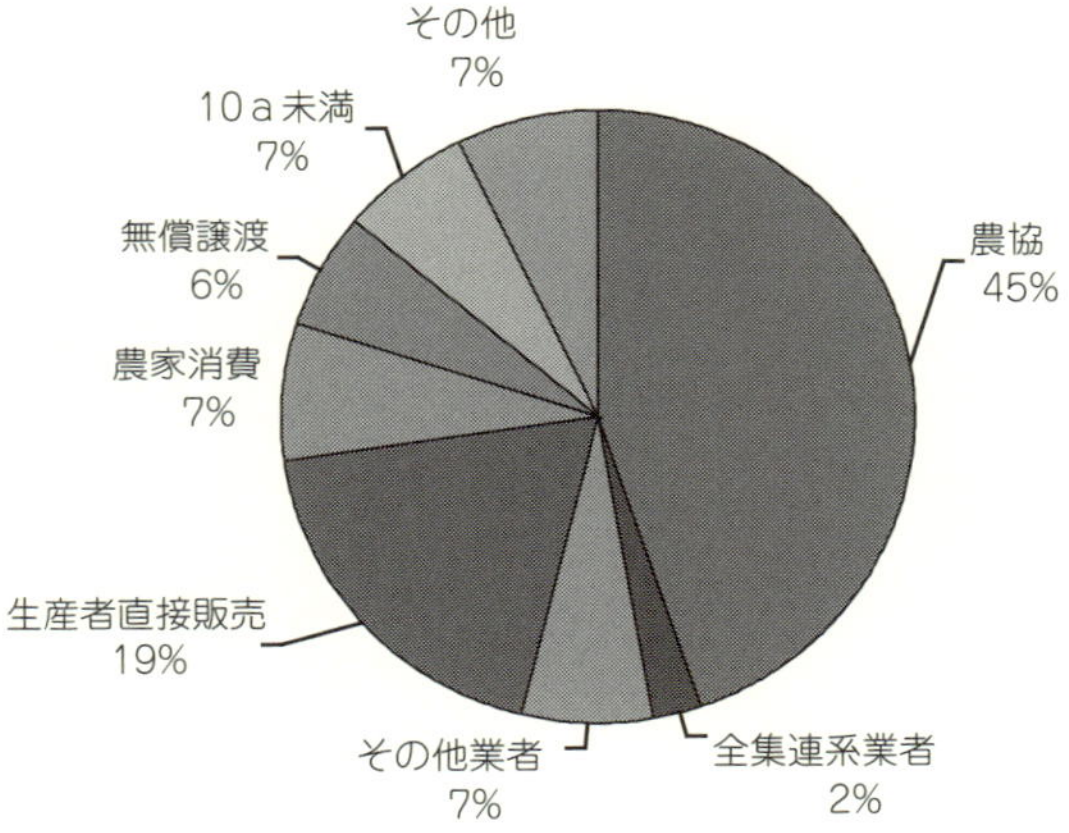

資料：農林水産省「米をめぐる関係資料」2011 年 3 月。

図 8·1　生産者による米の出荷・販売状況（2008 年産）

食味を自ら保証し、実需者や消費者の信頼を獲得する手段として、本来のブランド化が進んでいる。

本節では、日本における米ブランド化の展開過程を政府による流通規制との関係から整理し、北海道におけるブランド化の特徴を明らかにすることを課題とする。

なお日本においては、米はおもに系統農協によって玄米の形態で集荷・出荷され（図8・1）、卸売業者によって精米・袋詰が行われ、小売業者によって消費者に販売される。

（1）日本における米流通制度の展開とブランド化―食糧法の下での本格的なブランド化の進展（一九九五年〜）―

一九九五年一一月には、食糧管理法が廃止され、食糧法が施行され、米のブランド化が大きく進展した。その特徴は、以下の通りである。

まず、卸・小売業者への参入規制が緩和され、スーパーが米小売に本格的に参入し、大手スーパーは独自のプライベートブランドを形成した。また、農協から卸・小売業者、消費者への販売が可能になった。農協ごとにおもに地場の消費者向けに、さまざまなネーミングでの白米販売が活発化した。また、経済連を通した共同販売の枠内で、消費者まで農協の名前がわかるような形での販売も行われるようになった。

こうしたなか、道内では、地域ごとの複数の農協による広域産地ブランドの形成の動きがみられた。カントリーエレベーターを活用し、地域でブランド化しようというものである。さらに、生産者から消費者への販売が可能となった。生産者、生産者グループが自ら精米・袋詰を行って、独自のネーミングで販売することが増加した。

二〇〇四年には、改正食糧法が施行され、流通規制がほぼ完全に撤廃された。自主流通制度が廃止され、だれがどこに売っても、どこから仕入れてもよくなった。米価が大幅に下落するなかで、産地によるブランド化がいっそう活発となった。

（2）北海道における米のブランド化の進展

1 概況

一九八〇年に特別自主流通米制度が創設されて以降、ホクレンを中心とした米のブランド化が本格化した。後発産地であったため、その推進は強力であった。良食味米への品種統一が図られ、主力品種は、キタヒカリ、ゆきひかり、きらら397、ほしのゆめ、ななつぼしへと転換した（**図8・2**）。また、一等米の出荷が進められた。

一九九五年の食糧法施行以降、道内の各地域で地域ブランドが形成された。北海道米のブランドを強化するために、一九九七年産から品位別の集荷・販売が行われている。これは、整粒歩合が高い米、たんぱく質含有率が

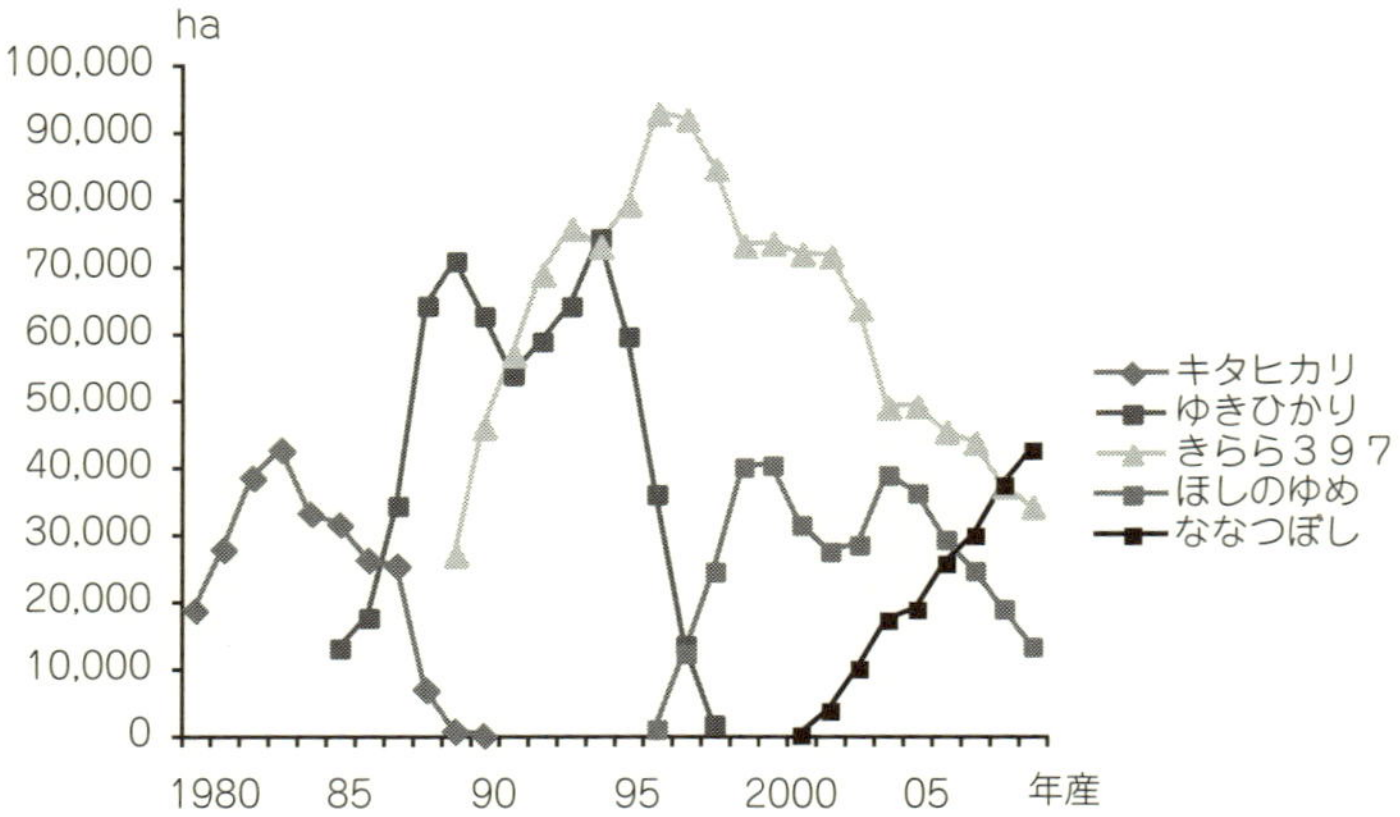

資料：北海道農政部『米に関する資料』。

図 8·2 北海道における主要水稲品種の作付け推移

低い米を高品質米として、一般米とは仕分けして集荷し、販売・精算に格差金を付けるものである。高品質米は家庭用米を、一般米は業務用米をターゲットとした。

こうした集荷体制の下で、北海道米のブランド化は進展した。しかし、道内の産地において、気候条件や土壌条件などによって、米の品質・食味には大きな格差が存在している。

このような状況を踏まえて、北海道においては、農協ごとに、米の品質・食味に応じたブランド化が行われている。良食味米産地では、農協名が消費者にもわかるような販売対応に力を入れている。良食味米の生産・出荷が相対的に難しい産地では、ある程度の良食味米を確保するとともに、外食事業者や加工業者に対して一般米の販売が重要となっている。

2 農協によるブランド化

北海道の水田農業は多様であり、農協の販売力の拡充が重要となる中で、地域の特徴に応じて、農協の販売対応が強化され、対応も分化している。そうした中で実需者と農協との結び付きが強化され、また、品種の分化もみられる。ホクレンの販売戦略との関係をふまえ、農協の対応の特徴についてみてみよう。

第一に、業務用米への販売を中心とするホクレンの販売対応のなかで、農協は均質な米を出荷する必要がある。その際、カントリーエレベーターを中心とした均質化が行われている。

ピンネ農協では、品質を統一するために、全道共販の基準よりもさらに細分化された農協独自の基準によって米を集荷し、出荷時に品質が均一化されるように、仕分けして集荷した米をブレンドするという方法をとっている。

第二に、農協の管内で産米の地域差をかかえる場合、地域ごとに販売先や用途を分ける必要がある。また、実需者には、比較的高い食味の米を要求する業者もあれば、食味は低くても低価格の米を要求する業者もある。そこで、農協としては、大量のロットの米の販売先を確保するために、さまざまな業者からの要求に、さまざまなメニューで対応することが必要となる。

広域合併農協で、管内に大きな地域差をかかえるいわみざわ農協は、さまざまな業務用・原材料用の実需者の要求に応じた米を確保するために、二〇〇五年度より、管内を区分して、地域ごとに品質・食味別の集荷数量の目標を設定している。

第三に、農協によっては、独自の品種でブランド化を図ることがある。新はこだて農協はふっくりんこという独自の品種を振興し、その販路開拓は、函館圏における地産地消として推進した。業務用としては地場の外食産業などを、家庭用米としては地元スーパーなどをターゲットとした。その際、農協と米生産部会とが協力し、実需者への訪問などを積極的に行った。

二〇〇四年八月、米生産部会である「函館育ちふっくりんこ蔵部」が設立された。この生産部会では、ふっくりんごの品質を安定させるために、厳しい「栽培・生産・出荷基準」を設定している。たとえば、タンパク値の定められた基準を二年続けて満たさないと、翌年から作付けできないことになっている。また、各農家が出荷したふっくりんこのたんぱく値や白度を公表し、品質・食味向上に対する農家の意識を高めている。

(3) 北海道産「高級ブランド米」の戦略

これまでの北海道米の販売戦略は、業務用米を中心としつつ、家庭用米としては、低価格米の販売に重点を置いてきた。しかし最近、ホクレンは高価格米の販売にも力を入れている。その対象となる品種が、おぼろづき、ふっくりんこ、ゆめぴりかである。それぞれの独自の戦略は以下の通りである。

まず、おぼろづきについては、二〇〇六年産から本格的に販売している。この品種は、小売段階では、「おぼろづき」という品種名ではなく「八十九」というブランドで販売されている。「八十九」は、北海道米のもっともおいしい品種のブランドとして導入されたものである。これまでの品種名を前面に出したブランドではなく、産地としておいしさを保証する独自のブランド戦略として注目される。

つぎに、ふっくりんこについては、二〇〇三年に採用された品種で、当初、函館周辺で作付けされ、地産地消で拡大してきた。二〇〇七年産から、道内の複数の産地に作付けが拡大し、販路も拡大された。現在では、道内四地区（函館地区、JAピンネ、JAたきかわ、JAきたそらち）で生産者組織が結成されている。品質と安定供給を維持するために「ふっくりんこ産地サミット」を開催し、ここで締結された品質基準をクリアした米には、品質へのこだわりの証として公認マークが付けられて、販売されている。

また、ゆめぴりかについては、二〇〇九年産から本格的に販売されている。食味のばらつきをなくすために、各地域の生産者が協議会を結成し、さらに、北海道庁、農協などが加わり、「北海道米の新たなブランド形成協議会」を結成している。同協議会では、種子更新率一〇〇％、栽培適地での生産、暫定的なタンパク含有率基準をはじめとする全道統一の基準を定め、食味の維持を図っている。

北海道における米のブランド化は、ホクレンによる戦略が中心となっている。家庭用米については、これまでは、きらら397、ほしのゆめ、ななつぼしなどの品種ブランドを、低価格の割にはおいしいことをアピールする戦略が中心であった。しかし近年、こうした戦略を継続しつつも、おぼろづき、ふっくりんこ、ゆめぴりかなどの「高級ブランド米」を、府県産米並み、あるいはそれ以上の価格で販売する戦略も取り入れている。こうしたなかで、「高級ブランド米」の品質・食味を維持するために、独自の栽培・品質基準が設定されている。そして、基準を徹底するための農協の部会などの生産者組織が、大きな役割を果たしている。

最後に、北海道における米のブランド化戦略の展望について整理したい。

第一に、北海道米の品質・食味の格差があるなかで、地域ごとの特徴を活かした形でのブランド化が重要である。良食味米産地にとっては、食味がよいことを強調し、家庭用米での販路拡大が必要である。他方で、食味があまりよくない産地では、品質・食味を統一し、業務用米としての安定的な販売が必要である。

第二に、ブランド化におけるホクレンと農協との関係についてである。農協とホクレンとが同じ業者に販売すれば、それらが競合する可能性がある。また、農協間の販売競争も起きてしまう。大規模な業者への農協直売は、買い叩きにあう可能性もある。農協によるブランド化は、地場での販売や特定の業者に販売先を限定するなど、販売チャネルのコントロールができるようにすることが必要である。今後とも、農協によるブランド化は、ホクレンとは競合しない形態で進めていくことが重要である。

4　地域市場における農商工連携――江別産小麦の「六次産業化」とその成立要因――

ここでの課題は、農商工連携の今日的意義を流通論的視点から整理するとともに、その成立条件について考察することである。

今日、農商工連携は多数展開されているが、ここでは、全国的に見てもその先駆的なケースの一つといえる江別産小麦をめぐる取り組みを事例とする。以下では、まず事例の概要を整理し、次にこのケースが農商工連携に成功したポイントを指摘する。さらに、その成功の背景にある経済事情について考察し、最後に今後の農商工連携に対して残した教訓についてまとめる。

(1) 江別市の農業と小麦生産

まず、対象地である江別市の現況について整理する。江別市は札幌市の東隣に位置し、鉄道では約二〇km、二〇分弱の距離である。人口は一二万二、一六一人(五万三、四七七世帯)であり、いわゆるベッドタウンであり、現在の中心的産業は、もともと基盤があった農業と、それを基盤とする食品製造業である。

江別市の農業従事者数と農家世帯数はいずれも漸減傾向にあり、二〇〇九年時点で、農業従事者数が一、三四七人、農家世帯は五〇七世帯となっている。耕地面積は、二〇〇九年で七、五五〇ヘクタールであるが、こちらも漸減傾向を示している。

江別市の農業産出額は約六〇億円であり、おおむね耕種部門が四〇億円、畜産部門が二〇億円となっており、事例として取り上げる麦の産出額は一〇億円である。
次に、江別市での小麦生産への取り組みにおいて重要な品種である、ハルユタカについて整理する。ハルユタカは国産小麦の〇・三%程度を占めるに過ぎないマイナーな品種であるが、その約八割は江別市内で生産されている。生産量は少ないハルユタカだが、高品質であり、開発当初よりパン作りに極めて高い適性を示すとされてきた。その後、製めん用小麦粉としても高い評価を得るに至った。

ハルユタカは、多くの小麦品種が秋に播種するのに対し、「春まき小麦」の通り、一般的な栽培方法では春に播種する。しかし、春まき小麦は、夏の収穫期に雨の影響を受けやすく、また病気になりやすいなど、収穫量が安定しないという大きな問題を抱えていた。小麦は製粉工程抜きには商品化できないが、その製粉業は巨大な装置により小麦を生産するのであり、原料の安定確保がおぼつかない品種は、いかにそれが高品質であったとしても、本格的に取り扱うことはできなかった。

ところが、北海道の農業改良普及部門において、秋まきよりも遅く、収穫前年の雪が降る直前に播種することで収穫期を早めようとする、初冬まきという技術開発に成功したことで、収穫量の安定化が図られた。このことがハルユタカの生産拡大において最も重要な要因となっている。

二〇〇九年時点で江別産小麦の収穫量は七、五六四トンだが、うちハルユタカは二、五二三トンであり、約三割を占めるにまで拡大した。同年のハルユタカ栽培戸数一三五戸で、栽培面積も六〇〇ヘクタールを超すまでになっている。江別市の小麦生産において、ハルユタカが最も主要な品種であり、生産量でも江別産小麦の三三・四%を占めている。

ハルユタカを中心とした江別産小麦は、そうめんやラーメンの麺製品はもちろんのこと、パンや焼き菓子などにも好んで用いられている。

(2)「江別小麦めん」プロジェクト

小麦生産は、野菜作などとは異なり、製品化するためには製粉工程を避けることはできず、必然的に製粉業と結びつくことになる。これは全国ほとんどすべての小麦生産に当てはまることであるが、その中でなぜ江別小麦に限って「農工商連携」の事例とされるのであろうか。それは、小麦生産者、食品加工業者、そして販売者の結びつき方に、「連携」としての性格を見ることができるからである。

以下では、その典型としての「江別小麦めん」について整理する。「江別小麦めん」は、小麦生産、製粉業、食品製造（製麺）業の結びつきを核としている。それらを結びつける段階で大きな役割を果たしたのが、「江別麦の会」と「江別経済ネットワーク」という二つの組織である。

このうち「江別麦の会」は、麦作の振興を図るために、生産・加工・流通・消費および研究など、各分野の交流を深めることを目的とした組織であり、一九八八年に設立されている。設立時には、このような目的を掲げつつも、当面の具体的目標を麺用およびパン用小麦粉の用途開発とした。構成員は、小麦生産者の他、農協、製粉会社、製麺会社、研究機関などとなっている。

もう一つの組織、「江別経済ネットワーク」は、二〇〇二年に設立され、スタイルとしてはいわゆる異業種交流会の一種である。ただし、この組織の最大の特徴は、参加者が会社の代表ではなく、一個人として会員になり交流するという点にある。中小企業が多い江別市にあって、一つの会社では実現できない企画を交流と情報交換で実現に近づけようとするところに、この組織の存在意義がある。

「江別小麦めん」も、一社の製麺会社では実現できなかった企画だったが、ここで提案されたことにより、「江別麦の会」も巻き込んだ組織的な取り組みへと発展した。

(3) E製粉とK製麺の取り組み

「江別小麦めん」の実現は、江別市内のハルユタカ生産者、製粉会社E、製麺会社Kが中心的なラインを構成している。そこで、ここからは製粉会社と製麺会社について特徴を整理する。

E製粉は一九四八年に設立された従業員数五八名の製粉会社で、二〇〇九年の売り上げは四〇億八、七〇〇万円であった。E社の製粉能力は一日当たり二一六トンであるが、装置産業である製粉業にあって、規模の優位性を有する企業とはいえない。そこで、E製粉の場合には、北海道産小麦の取り扱いという分野で特徴ある経営を目指しており、同社の取り扱いのうち四〇%以上が道産小麦となっている。

さらに特徴的なのは、小型の製粉プラントを開発し、実際に導入している点にある。製造能力の拡大が有利性につながる製粉業にあって、全く逆の取り組みではあるが、これの導入により、ハルユタカのような生産量がまとまっていない品種であっても、品種別の小麦粉生産が可能となった。あるいは、地域単位での製粉、さらには農家単位での製粉によって、いわば「オリジナル小麦粉」の製造を可能とした。このことが、必ずしも生産量が多くなかったハルユタカの商品化につながったといえる。

もう一方の中心であるK製麺は、一九四九年創業、従業員数は五三〇名と、E製粉と比べて企業規模はかなり大きい。工場も江別に二カ所、旭川市に一カ所を設置しており、全国五カ所に営業拠点を有し、年間約一億四、〇〇〇万食の麺製品を全国へ出荷している。K製麺は必ずしも大手ではないが、茹で麺と寒干し麺の分野で優れた加工技術を保持し、これらの商品については全国でも屈指の販売量を有している。「江別小麦めん」プロジェクトにとって、K製麺が販売力を持ち、ニーズのとらえ方を知っている企業であったことが大きな意味をもつ。

K製麺の社内では、これまでも高品質な江別産小麦を製品化する動きはあったという。しかし、前述の通り、原料の安定的確保が困難であるため、見送られてきた。ところが、江別産小麦が高品質であるという情報は、一社員によって「江別経済ネットワーク」にもちこまれ、大いに関心を集めた。ここで「江別小麦めん」プロジェクトが起動し、「江別麦の会」の協力も得つつ、商品化へと動き出したのである。

その後のK製麺は、ハルユタカの食味を最大限に引き出すため、江別小麦めん専用の製造プラント「手打ち麺工房」を開発および設置している。これは、製麺の技術を伝達しつつ、高品質な麺の製造に取り組むミニプラントである。ミニプラントであるから製造能力は必ずしも高くなく、ここでの「江別小麦めん」製造は一日当たり一、〇〇〇食にとどまる。そこで、「江別小麦めん」の販売は江別市内のみとした。加えて、江別小麦の商品力を生かすべく、通常のラインで製造する茹で麺と寒干しめんを展開し、二〇〇九年では江別産小麦のめん製品として約三〇〇万食を製造した。そのうちの一五万食が、「手打ち麺工房」で製造された「江別小麦めん」である。K製麺では、そろそろ原料生産量の限界を迎えつつあると判断しており、今後の対応が必要となっている。

（4）「江別小麦めん」の到達点

図8・3は、江別小麦めんをめぐる産学官連携の姿を示している。ハルユタカという地域資源があり、それを

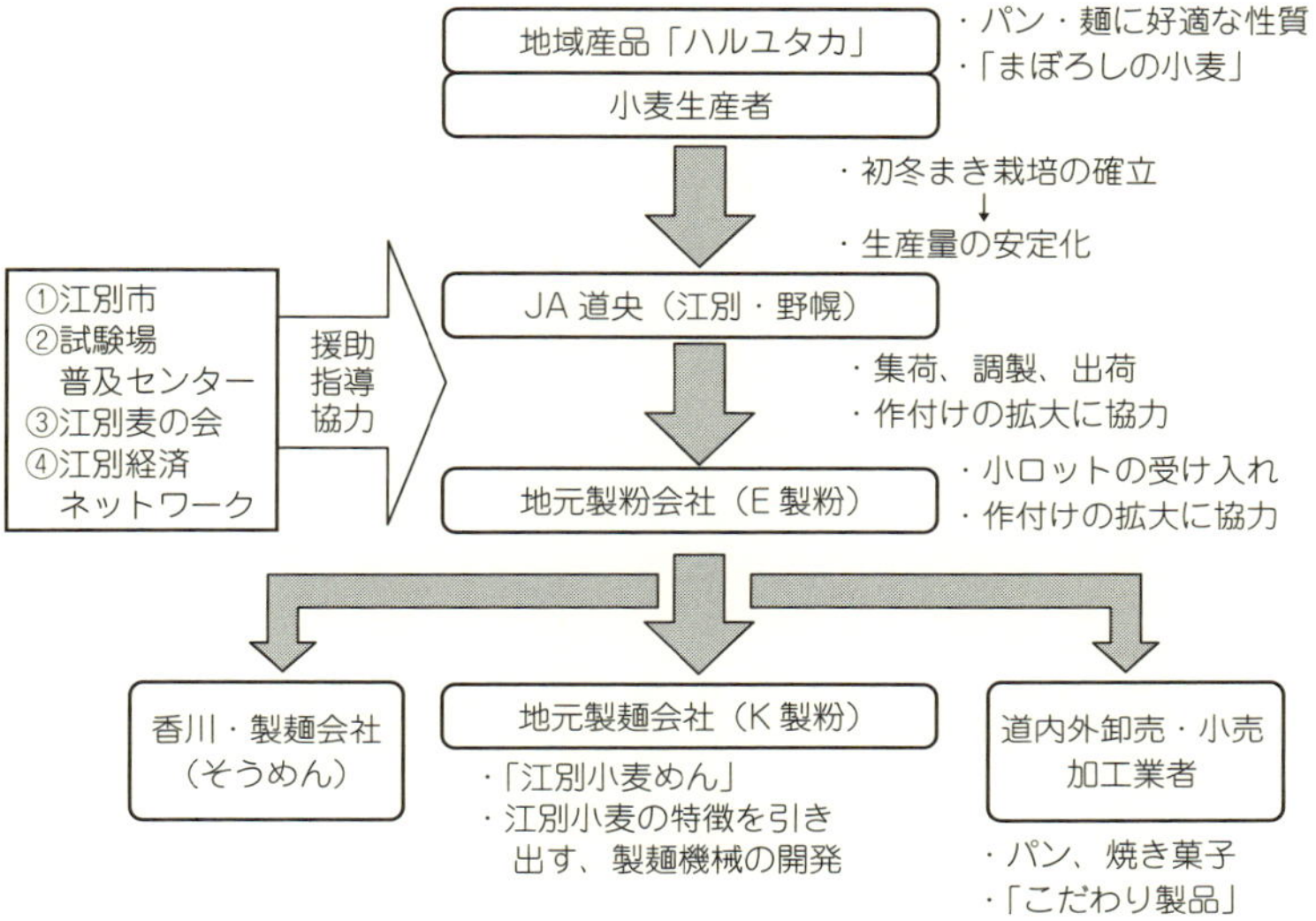

資料：「小ロット・高品質製粉の F-ship システムで地場産小麦加工の促進」『食品加工総覧』より、一部修正の上、引用。

図 8·3　「江別小麦めん」をめぐる産学官連携

連携により商品化したことがわかる。

このようにして二〇〇四年に初めて市場投入された「江別小麦めん」であるが、その後、着実に販売数を伸ばし、二〇〇四年度一〇四万食、二〇〇五年度一六六万食、二〇〇六年度二三五万食、二〇〇七年度二八三万食、二〇〇八年度二九一万食、そして二〇〇九年度は約三〇〇万件へと拡大してきた。このうちの各年一五万食は、前述の通り、江別市内の限定販売品である「江別小麦めん」である。

江別市の試算によれば、「江別小麦めん」の経済波及効果は、二〇〇四年から二〇〇六年までの三カ年で設備投資を含め約二八億円である。この間の小麦の原料購入額が約七、〇〇〇万円であるから、「江別小麦めん」を地域で生産したことにより約四〇倍になったとしている。

(5) 農商工連携としての特徴

このケースを農商工連携としてどのように評価できるのか、以下で整理する。

江別小麦をめぐる取り組みについては、一部の六次産業化論のように、生産者が無理に領域を拡張するのではなく、地域の第二次産業、第三次産業と信頼関係を構築し、適切な役割分担をし得たことが最も評価されるべき点であろう。特に、最も重要な市場への商品投入段階において、販売ルートを確立しているK製麺が販売するという役割を担当したことは、「江別小麦めん」の展開において大きな意味を持つと考えられる。

「江別小麦めん」は特別な、高付加価値商品のように見えるが、市場投入をK製麺が担当したことで、消費者にとっては一般的な商品と同様に、購入するに当たり特別なコストがかからない商品となった。このことは、最寄品である食品を販売するということにおいて重要な条件である。「江別小麦めん」はその商品力の高さだけではなく、売るために何が必要かを踏まえた、いわば「マーケット・イン型の農商工連携」であったといえよう。

農業生産の高付加価値が強調されている今日、生産者が地域特産品を加工し、製品販売まで手がけるケースが、しばしば先駆的取り組みとして脚光を浴びている。六次産業化の議論でも見られるような、農業生産が拡張する方向での高付加価値化は、いわば「プロダクト・アウト型」と考えられる。これは、第二次産業、第三次産業の得ていた付加価値を農業にとどめる可能性もあるが、需要が把握できなければ、セールス面で失敗する可能性もある。

江別市のケースを見る限り、近年、盛んに議論されている六次産業化も、第二次産業、第三次産業から第一次産業へと、付加価値生産による利益を移動させることによって達成されるとは限らない。むしろ、第一次産業、第二次産業、第三次産業の各主体が、強固なパートナーシップを構築し、販売も加工も適切な役割分担をすることが、総体的な利益の拡大につながると考えられる。

5　おわりに――地域ブランドにおける六次産業化の意義――

六次産業化は農業者に多角的な経営の道を示し、農業者が加工・販売を統合化し、新たな事業を創出する取り組みが各地で見られる。しかし、現在までの六次産業化の成功事例を見ると、それぞれの取り組みが個々の「点」にとどまり、地域に「面」的な波及効果を持った取り組みが少ないことが指摘されている。つまり、一部の経営能力がある農業者の取り組みに終始してしまい、農山漁村の振興という目的が十分に果たされていないのが現状である。これには、「農業者による加工・販売の統合化」という形の推進に原因があるのではないだろうか。

(1) 道内の総合化事業計画

これまでに、二〇一一年度に三回、二〇一二年度に二回の認定が行われており、北海道内では、**表8・3**のようにこれまでの認定件数は七〇件以上にのぼっている。その内で、農業者による加工販売統合型が五六件、農業者と食品加工業者などが共同で事業を行う、連携型の取り組みが一八件となっている。家族経営による個人農業者による事業は一九件の内、二件を除いて一七件が生産・加工・販売を単独で行う統合型の取り組みである。それに対して、法人の生産者による事業は統合型が三九件、連携型が一一件というように、他企業と共同で事業を行っている割合が高い。

表 8·3　道内の総合化事業計画の認定件数[1]

類型	事業者			合計
	個人農業者	法人	農協	
統合型[2]	17	39	0	56
連携型[2]	2	11	5	18
合計	19	50	5	74

資料：北海道農政事務所の公表を元に筆者作成
注：1）2012 年 10 月 31 日時点での累計認定件数である。
2）統合型とは生産、加工、販売を単独の事業者で行うもの、連携型とは複数の事業者によるものを指す。

（2）統合型六次産業化の障壁と優位性

農家が加工、販売に進出し付加価値の獲得を目指すという統合化型の六次産業には、加工・販売進出にともなって生じる課題がある。それを列挙すると以下のようになろう。①ノウハウ習得の困難さ、②収益計画や価格設定経験の乏しさ、③初期投資のための資金調達、④販路の確保、⑤衛生水準の達成。これらの課題を一生産者が乗り換えることは困難が伴う。それよりもむしろ、E製粉の事例のように、既存の食料品製造業者などと連携しながら、地域として付加価値を高めるような取り組みが有効であろう。

大手量販における低価格路線や大手メーカーの受託製造などが中心ななかで、地域の食料品製造業も減少傾向にある。そのなかでは、一次生産者との共存関係を構築することが課題であろう。そのためにも、原料の生産される現場に近いところで加工を行うという地域ブランドのもつ特性を活かした展開が必要である。高品質な原料、一般流通にはのらない素材、大規模生産・流通には適さない加工方法などの特長を活かした製品作りである。

特に北海道においては、これまで原料供給地域として展開してきた中で、地域ブランドによる「最終製品」を起点にした多様な農村価値の発信（戦略的位置づけ）がもとめられている。六次産業化に地域全体で取り組むことは困難であるが、地域ブランドに関する六次産業化の成功事例は、その取り組みによって地域の全体のイメージを引き上げることができることを示唆している。そうした視点から考えると、地域として六次産業化の取り組みをサポートする、そのための支援体制・ネットワークの構築は必要である。農産加工に取り組む際には、様々な技術や知識が必要となり、その連携が必要となる。六次産業化には、原料から商品として消費者に届くまでの流れの中に、生産者や、食品メーカー、小売業者、卸業者、研究機関などが、様々な技術や知識・ノウハウを通して農産加工に関与している。このように、農産加工に取り組む際には、単に生産者—加工メーカー—販売業者の連携、というだけでなく、技術やノウハウ、施設などを有効に活用するための連携が必要である。

〔付記〕2は小林［二〇一〇］の一部を、3は第一八回日韓農業シンポジウム（二〇一一年）の報告を、4は第一七回日韓農業シンポジウム（二〇一〇年）の報告をもとにした杉村［二〇一〇］をそれぞれ再編集したものである。

【参考文献】

（1）大川直久「国産小麦の復活と地域ブランド誕生—江別経済ネットワークの取り組み」『産業立地』第48巻第3号、二〇〇九

（2）関満博・及川孝信『地域ブランドと産業振興』新評論、二〇〇六

（3）小林国之「食の安全・安心基盤と地域のブランド化」『協同組合研究』第29巻第2号、二〇一〇

（4）杉村泰彦「地域市場における農商工連携の今日的意義と成立の社会的背景—『江別小麦めん』をめぐる取り組みを事例に—」工藤英一編著『地域経済論：地域経済を支える人々（江別編）』共同文化社、二〇一〇

（5）小池（相原）晴伴「農協合併による米生産部会統合の意義と課題—北海道・ふらの農協を事例として—」略農学

園大学農業経済学科編『農業政策と地域農業』酪農学園大学エクステンションセンター、二〇一一

（6）小池（相原）晴伴「農協による新品種米の販路拡大と品質管理—北海道・新函館農協を事例として—」『酪農学園大学紀要』第36巻第2号、二〇一二

第9章　コミュニティビジネスによる農村再建——江原道——

李　榮吉・池　敬培

1　はじめに

村企業は「地域共同体自らが、地域社会が必要とする財やサービスをビジネス的接近によって、生産・販売して、自ずと地域の問題を解決する地域共同体事業」を意味する。村企業は、外部主体によって作られる需要と供給ではなく、地域内の需要に応じて産業と雇用が形成される地域循環型経済システムを構築する上で重要な政策事業である。

また、村企業は、まちづくり事業の収益性確保の手段としての意味も持つ。各中央官庁で進めてきた現在のまちづくり事業は、収益性の確保が不十分という指摘がある。まちづくり事業を通じて整備された体験施設などの基盤施設とソフトウェアをベースに、地域住民の実質所得を高めるビジネスモデルとして、村企業に関する研究の深化が必要である。

村企業は、日本で作られた地域共同体（Community）とビジネス（Business）の合成語である「コミュニティビジネス」という用語から出発した。コミュニティビジネスは地域住民が地域資源を利用して地域の課題を解決していく、持続可能なビジネスモデルである。地域共同体の再生と自立を実現できる、現実的な方法として最近注目されている。

地域の問題に対処する村企業は、収益性と同時に公益性を追求する。その意義、最終目標は地域共同体の活性化である。村企業には、住民組織主体の地域密着型ビジネスを通じて地域内の経済循環を図り、雇用創出を通じて地域社会の活性化も同時に図るメリットがある。

2　コミュニティビジネス関連政策の動向

最近の村企業への関心と政策的議論をみると、一〇年前のまちづくり事業関連政策のブームと非常に類似している。中央官庁では、雇用労働部の社会的企業育成政策を筆頭に、様々な村企業関連事業を推進中、あるいは推進予定である。最近の関連事業は、雇用労働部の社会的企業支援政策が社会的弱者の雇用創出に焦点を当てた関係で、地域問題解決型のまち企業事業へと拡大する傾向にある。二〇一〇年現在、雇用労働部の「(予備)社会的企業支援事業」、行政安全部の「(自立型)地域共同体事業」、農水産食品部の「農漁村コミュニティ会社活性化事業」などの事業が実施または提示されている。

雇用労働部の場合、社会的企業育成法制定と認証制度を導入して、社会的弱者の雇用創出に焦点を合わせて事業が進行中である。行政安全部は二〇一〇年下半期から、「地域共同体の雇用事業」と「自立型地域社会の育成事業」に区分して、雇用創出とコミュニティビジネスを並行させて事業を実施している。農水産食品部は農村地

表9·1　村企業関連の中央官庁の政策事業の現状

事業名	所管官庁（推進年度）	主な事業内容	特徴
社会的企業育成事業	雇用労働部（2007年）	-社会的企業育成法の制定、社会的企業認証制度の導入 -2010年現在268社会的企業の認証、各種経営·財務·広報事業支援	-社会的弱者の雇用創出に焦点
村の企業支援事業	行政安全部（2010年）	-希望勤労事業の後続措置事業である"地域共同体の雇用事業"とコミュニティビジネス型"村企業支援事業"を並行推進	-雇用創出とコミュニティビジネス並行
農漁村共同体会社活性化事業	農水産食品部（2011年）	-雇用労働部の社会的企業の農村組織への進出の限界を克服 -農村自立基盤の構築に焦点を合わせた地域コミュニティ組織をサポート	-農村型コミュニティビジネスに焦点（地域性、収益性を強調）
その他	知識経済部（2010年）	-村企業ネットワーク機能の強化に焦点を当てモデル事業実施中 -2010年現在6つの中間支援組織とMOU締結と10のモデル事業支援中	-知経部の直接サポートではなく、コミュニティビジネスセンター設立後、事業実施

域自立基盤の構築のために、地域コミュニティ組織の支援に焦点を当てて、地域性、収益性を強調したコミュニティビジネス推進事業を予定している。このほか、知識経済部は「コミュニティビジネスモデル事業」を実施している（**表9・1**）。

次に、従来のまちづくり事業とコミュニティビジネスの関係を確認しておこう。

国の地域社会開発事業は、一九九〇年代の農村地域面単位定住圏開発事業から、二〇〇〇年代には村単位での支援事業（まちづくり事業）へ、そして二〇一〇年の企業・組織単位の村企業へと変化してきた。この政策変化は、公益性から市場性を追求する方向で、無条件支援から収益性を強調する方向に転換していることを示唆している。

こうした政策の変化に応じて、地域社会の組織や企業が中心となって都市と農村が共生する資源循環型地域社会を形成するためには、既存のまちづくり事業と村企業との有機的連携を見いだすことが重要である。これは、まちづくり事業を通じて発掘・開発・造成された、既存の様々な農村施設と農産物、特産物、農村観光プログラムなどの商品が、都市の需要を満たし顧客を確保することを通じて、都市と農村の共生関係を形成し相互利益を図ることである。こうした共生的・資源循環型地域社会開発の主体こそ、今まさに地域社会に多様に存在し、また発掘すべき村企業である。

近年のまちづくり関連事業は、農水産食品部、環境部、行政安全部、文化観光部、知識経済部などが推進している。農水産食品部の推進事業は、農村開発のための農村観光と都市住民誘致事業が主である。これらの事業に村企業が進出可能な分野は、農漁村観光開発、特産品開発や食品加工、都市と農村の交流、帰農コンサルティングと教育、森づくり、森林サービスなどが予想される。

環境部は、環境保全とグリーン成長関連事業が主である。これらの事業ではグリーンエネルギーの普及、資源リサイクル、廃棄物管理、公共デザイン、環境にやさしい農法の普及などの分野に村企業の進出が可能である。

行政安全部の主な事業は、情報化と地域づくり事業である。これらの事業に関連して、インターネット流通と情報技術サービス、まちづくりコンサルティングの分野で地元企業が進出可能である。

文化観光部と知識経済部には、それぞれ文化・歴史のまちづくり事業と地域産業振興事業（地域研究、産業分野）がある。文化観光部推進事業には、文化芸術イベントの企画・運営、村デザインと村祭りコンサルティングなどでの進出が可能である。また、知識経済部事業では食品加工、特産品開発、伝統工芸、伝統市場の活性化など、地元産業の活性化に関連して地元企業の進出が可能になると思われる。

こうした中央官庁支援のまちづくり事業を通じて、施設（農村体験施設、宿泊施設、情報化など）整備と商品（農産物、特産物、農村観光プログラムなど）開発がなされたが、事業性と自発性の不足のために雇用と地域所

表9·2　タイプ別分析事例の概要

類型別	分析事例	事業内容
住民株式会社型村企業	龍山住民株式会社	スキー場委託運営
経営共同体法人型村企業	ヨンデ黄太営農組合	地域の特産物加工・販売
村の組織共同体型村企業	横城親環境宅配共同体	環境にやさしい農産物のローカルフード事業

得の拡大には限界が見えている。したがって、まちづくり支援の成果をもとに、ビジネスコンテンツを抽出し、住民組織化を通じて雇用の創出や地域共同体の活性化を図る必要がある。

農村の場合、村内の多様な経済体およびコミュニティ組織が事業への参加が可能である。ここでは、営農組合、住民出資株式会社、作目班、まちづくり事業団、婦人会、老人会、青年会など、様々な地域内の企業や組織が想定される。

3　江原道におけるコミュニティビジネスの事例分析

(1) 分析事例の選定

ここでの分析事例は、実態分析で得られた組織類型と事業内容に焦点を当てて選定した。村企業は参加組織の類型に応じ、①住民株式会社型村企業、②経営共同体法人型村企業、③村の組織共同体型村企業等に区分される。事業内容は、主に農村地域で江原道の特性を活かした推進が可能な事業を中心として選定した（表9・2）。

(2) 住民株式会社型村企業の事例―龍山住民株式会社

龍山住民株式会社は、江原道平昌郡大関嶺面龍山里の地域住民五〇世帯が農閑期の共同事業のために、世帯当たり二〇〇～五〇〇万ウォンを出資し、総資本金九、八〇〇万ウォンで二〇〇六年に設立した会社である。特定の個人が会社の経営権を掌握することを防止するために、一世帯当たりの出資上限を五〇〇万ウォンとしている。

当社は近隣にある江原開発公社設置のアルペンシアリゾートから、スキー場運営に関するサービスを受託して冬季農閑期の収入創出を図っている。主な事業内容は、公社から受託したスキー場運営事業で、具体的業務はリフト運営、除雪、安全パトロール、スキー講習などである。スキー講習の場合、講習費の六五％が住民株式会社の収入となる。除雪などその他のサービスは、別途委託費用が公社から支払われる。

売上高は三カ月間で一億五千万ウォン程度である。雇用はスキー場二〇名、雪ゾリ場二〇名などで、雇用者一人当たり月収一〇〇万ウォン程度を実現している。事業利益は株主への配当のほか、地域の福祉事業にも還元し、村の発展基金、共同福祉施設の拡充にも使用している。

この会社の教訓は、一般の農村地域のように農業生産にとどまることなく、住民主体の株式会社を設立して、冬季農閑期に地域の外部施設の資源を活用し、農外所得と雇用を創出していることにある。特に、出資上限制を導入して、個人の独占的地位を抑制することで、地域循環型社会的企業の役割を追求している点は注目に値する。

本事業の成功のカギは、どのようにサービスの専門性を確保するかであると推察される。スキー及びリゾートサービスの主要な顧客は、中産階級以上の都市住民である。専門的かつ洗練されたサービスの提供が不可能な場合には、事業の持続は難しいであろう。

（3）経営共同体法人型村企業の事例—ヨンデ黄太営農組合

毎年、全国の黄太（干し鱈）生産量の七〇％以上を生産する麟蹄郡ヨンデ里のヨンデ黄太営農組合は、ヨンデ黄太営農組合法人を中核にして、ブクソルアク営農組合、ドクジャン運営作目班、黄太作目班、黄太研究会などの黄太に関連する様々な組織が相互に連携して事業を推進している。

ヨンデ黄太営農組合の教訓は、村内の一つの組合によるタコ足的な事業多角化を行わなかったことである。主力組合は主力品目一つに集中し、この組合を中核に、様々な組織の参加で事業拡大を図っている。二〇一〇年現在、黄太関連企業および組織は四七社・組織であり、一九九八年の九社・組織から三八社もの増加を示している。また、地域住民の九〇％（約四五〇人）が地域特産品である黄太関連業種に従事している。二〇一〇年の年間売上高は約四一〇億ウォン程度であるが、黄太産業を核にして、様々な関連事業が発展しており、この地域の一世帯当たり年間平均所得は四、〇〇〇万ウォン程度に達する。

Uターンも多く、総数約五〇〇人の村民のうち三〇～四〇代の若年層が六〇％を占める。しかし、村内の人的資源だけでは事業拡大に限界があることを認識し、行政や専門家とのネットワークを同時に構築している。

ヨンデ黄太営農組合は、二〇〇二年四月に住民二一人が組合員となり一人当たり二万ウォンの出資持分でスタートした。最初の事業は二〇〇三年六月に完成した冷凍倉庫の建設である。総事業費一一億四千万ウォンのうち、麟蹄郡と江原道から七億ウォンが支援された。建坪二一〇坪で、冷凍黄太を四万箱貯蔵する能力を備えている。この冷凍倉庫を利用して原材料のスケトウダラを価格が安い時期に購入、貯蔵することで、価格競争力を確保して黄太の生産上の問題を解決した。

冷凍倉庫の建設で黄太生産上の問題がある程度解決されると、以降は黄太の流通に目を向けて近隣に用地を取得し、黄太をテーマにした「黄太村」を建設、黄太の販売機能を担う展示場と専門店、体験・教育機能を備えることになる。その後、村はメバウィ人工滝の造成、百潭寺マネ村黄太祭りの運営などの観光事業を展開するが、そのための新しい組織を分化させている。

さらに、麟蹄ヨンデ黄太のブランド価値を高めるために特許庁から地理的表示団体標章登録の認証を取得した。これでヨンデ黄太の名声と歴史、ヨンデ黄太だけの高品質管理が認められ、他製品との差別化が実現した。ヨンデ黄太営農組合は、黄太そのものの生産販売組合にとどまらず、黄太産業をベースにして、様々な組織形態に分化発展し、地域内のコミュニティ組織と連携して観光関連産業に拡大し、村全体の産業の活性化を図っている。また、行政との有機的な連携を介して、中央官庁や地方自治体のまちづくり事業費を活用して施設建設コストを圧縮し、村の事業を黄太の生産・流通・販売、観光活性化部分に集中させている。

ヨンデ黄太営農組合の今後の課題は、黄太生産の構造的な問題と結びついている。原材料のスケトウダラを全量輸入に依存するため、黄太産業の未来は保証されていない。また、村内の黄太産業への依存度が約九〇％であるので、村の産業の多様化が要請される。

そのため、ヨンデ里では「私たちの村株式会社づくり事業」を推進している。これは、黄太産業依存の経済構造から脱却するための、代替産業・観光産業を飛躍させる組織づくりである。主な事業は、冒険レジャースポーツ、山菜類の加工流通、黄太ラーメンの生産流通、山薬材の加工流通、地元の魚種の養殖放流、黄太の加工流通、黄太原材料の流通などである。運営方式は、村住民の自発的な参加と約一億ウォン規模の村法人の株式発行による株式公募を通じて資本金を形成し、主要事業別の独立運営体の募集を通じて雇用創出と収益再投資型社会的企業を育成することである。

(4) 村の組織共同体型村企業――横城親環境宅配共同体

横城郡の親環境農産物宅配事業は、地域の環境にやさしい農業に取り組む農家一一人が組合員になって、消費者が望む地域の農産物・加工品をパックにして配送する事業である。二〇〇八年に全国女性農民会営農組合法人の形で始まったこの事業は、地域で生産される農産物だけでなく、環境にやさしい認証豆を原料とした豆腐加工品を生産し、都市の会員世帯へ配送している。

約二〇〇人の会員に毎週、家庭菜園豆腐二丁、有精卵一〇個、穀類、季節の野菜五種、総菜一種を調理法などと一緒に、直接配達または宅配便で配送する。パックの内容は決まっておらず、野菜が少ない冬季には餅、おから、納豆などの加工品も加えられる。費用は月一〇万ウォンで、月に四回発送するので一回約二五、〇〇〇ウォン程度かかることになる。今後はパック事業を学校給食と連携する方策を検討している。

この事業によって、経済基盤が弱い農民たちの協力にもとづく直接取引システムが構築され、単一品目の投機的生産から多品目少量生産に切り替わり、安定的な農業が可能となった。

また、生産はもちろん、加工や流通まで農家が直接参加することで地域循環型農業の活性化に寄与しており、農家の自立を支援している。本事業は、村のような小共同体単位で村企業が進むべき方向を提示する意義深い事例である。

4　コミュニティビジネス型農漁村の創出

(1) 基本方向と戦略

村企業は「村を単位に住民組織が主体になって、収入創出と社会の活性化を図る企業」として概念化される。江原道の村企業育成目標は、まず村企業の量的拡大と質的競争力を確保し、これを基盤に地域社会のネットワーク構築を目指すところにある。そのために、「一村一村企業」の育成を主要目標とし、推進戦略を設定している。すなわち、①既存のまちづくり事業と連携した村企業を集中的に発掘する。江原道の特性と地域性を活かした事業の村内組織化を通じた経済共同体の実現に貢献するようにする。②道及び市郡単位の統合サポート部署とセンターを設置して、一本化されたビジネスサポートシステムを構築し、事業推進の効率を高め、体系的なサポートができるようにする。③地域協働企業関連の教育・訓練プログラムの開発と導入により真実味があり、進取的で専門性のある企業家を発掘し、事業主体の競争力を確保するようにする。

これらの目標と推進戦略を通じて、外来型企業の誘致の限界と副作用を補完し、地域循環・共生型の住民主導による自立した雇用創出が実現されるであろう。

(2) まちづくり連携型村企業の発掘と育成

前述のように、中央官庁は地域の支援政策として、様々なまちづくり事業を推進中である。**表9・3**に示すように、まちづくり事業は村の様々な企業形態の組織的参加が可能な事業分野を含んでいる。特に、まちづくり事

表9･3　まちづくり事業と連携した村の企業進出分野

事業名	主管部署	村の企業進出分野
緑の農村体験村事業 山村生態村造成事業 農村総合開発事業 漁村体験観光村事業 都農交流協力事業 都市民の誘致支援事業	農林水産食品部	農漁村観光開発、特産品開発、食品加工、都農交流（帰農）コンサルティングと教育、森づくり、森林サービスなど
自然生態優秀村支援事業 低炭素グリーン村組成事業 （4官庁共同）	環境部	グリーンエネルギーの普及、資源リサイクル、廃棄物管理、公共デザイン、環境にやさしい農法の普及など
情報化村造成事業 住みよいまちづくり	行政安全部	インターネット流通、インターネット情報と技術サービス、まちづくりコンサルティングなど
文化･歴史まちづくり	文化観光部	文化芸術イベントの企画･運営、村デザインと村祭りコンサルティングなど
地域産業振興事業 （地域縁故産業分野）	知識経済部	食品加工、特産品開発、伝統工芸、伝統市場の活性化など

業と連携して江原道地域の特性が反映される村企業が進出可能であるモデル事業を提案している。

①親環境農産物宅配事業と食卓パックフランチャイズ事業は、村で生産される農産物や加工品をパックして流通・販売する事業である。村単位で推進している既存の類似事業を拡大して、郡あるいは広域単位の地域ブランドとして定着を誘導する。

②情報化村の統合インターネットマーケティングや農産物の直接直取引は、郡内で選定された情報化村を対象に村圏域別に統合し、インターネット取引と広報を行う事業として、農村地域青年雇用提供事業と連携し、既存の事務長制度を拡大し、住民株式会社形態で運営する。

③「一村一アパート土曜市場」運営事業は、農村と都市部のアパートとの姉妹結縁の推進を通じて、アパート団地内で季節特産物などを販売・運営する事業として、営農組合または町内会を中心に村企業が参加する。

④村管理休養地の村売店運営や入場料クーポン制事業は、観光客が多く訪れる村管理休養地内の村売店の運営を行う事業として、入場料の一部に村特産品と交換できるクーポン制の導入

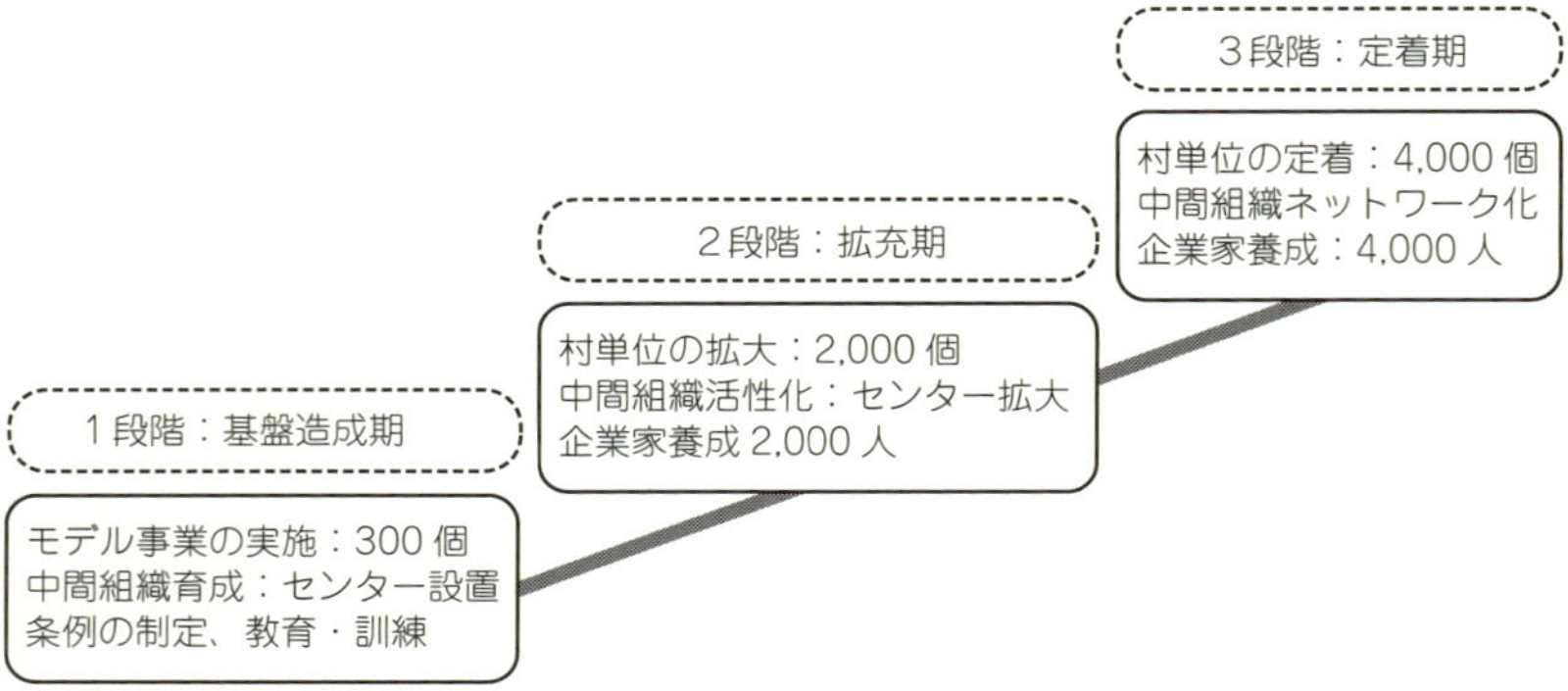

図 9･1　段階別村企業育成戦略

を検討する。

⑤山草道など遊歩道・登山道周辺のゲストハウス運営事業は、推進中の山草道事業と連携して、散歩道や登山道などの住民参加型ゲストハウスを運営する事業とする。

⑥森づくり副産物ペレット化事業は、森づくり事業などを通じて放置された雑木を回収してペレット加工して販売する事業であり、農村住民組織の参加を通じて農村の雇用創出に寄与するようにする。

⑦太陽光エネルギー運営事業は、まちづくり事業費を活用し、太陽光発電所の運営事業として村の収入を創出し、観光スポットの提供を通じた農村観光事業との連携を図る。

⑧公有地を活用した社会的弱者「幸せ店」の運営事業は、都市の繁華街周辺の公有地にブースを設置して、低所得層など社会的弱者に賃貸して店舗運営を行う事業である。

村企業の地域内定着には、村企業育成のための実行目標を明確にする必要がある。上記の目標と戦略に応じて、より可視化された段階別の実行目標を設定し、その推進のための政策支援策が模索されなければならない。

そのための実行目標を三段階に区分して設定すると、**図 9･1** の通りである。第一段階は基盤造成期として、まちづくり事業と連携して村企業を発掘する段階である。そのために、モデル事業を実施して邑・面・洞ごとに三〇〇の村企業を発掘・育成する。また、広域サポートセンターを設置して、教育・訓練プログラムを開発し、起業家養成のための基盤を造成するようにする。

第二段階は第一段階のモデル事業を母体に、村企業を村単位に拡大することを目標に事業を推進する。これにより、道内の村企業を二、〇〇〇にまで拡大し、教育・訓練を通じた起業家養成を同時に図る。また、市郡が自立して中間支援センターを設置する。

第三段階は定着段階であり、都市部の洞・通単位で一つ以上の住民協働の企業が活動することに主眼を置く。これを通じて、道内の村企業を四、〇〇〇に拡大し、四、〇〇〇人の企業家の養成を目標とする。

(3) 自治体支援体制の構築プラン

まちづくり事業と村の企業の有機的な連携のためには、行政支援の役割が非常に重要である。これまで推進されてきたまちづくり事業が地域住民の実質所得の増大につながらなかったのは、省庁間の分散的な推進に起因するところが大きい。

したがって、今後推進される行政安全部の自立型地域共同体事業と知識経済部の村企業モデル事業では、二〇一一年に提示された農水産食品部の農漁村共同体の会社活性化事業、雇用労働部の社会的企業育成事業などを統合管理・支援する統合サポート部門の導入が急がれる。これに加え、外部の専門家を起用して、関連事業の専門性を高める案も検討される必要がある。

まちづくり事業と村企業との有機的連携には、現場でこれを体系的に支援する中間支援組織が必要である。こ

表9·4　村企業教育プログラム開発（例）

事業段階別	教育対象別	教育内容別	教育形態別
入門過程 深化過程 専門過程 大学過程など	村の住民 学生層 若年層 退職者 女性 障害者など	組織作り 創業一般 経営マーケティング一般 財務能力 パートナーシップ 危機管理など	アカデミーの運営 合同研修 村の巡回教育 ワークショップ・セミナー 国内外の現場研修

れは、特に市郡単位で要求される。現場で事業を発掘し、企業を触発して、企業や組織の専門性を強化するなど、専門的支援を統括する「中間支援センター」の設置が求められる。

市郡単位の中間支援センターの設置には、四つの方向が考えられる。第一は、官民連携型中間支援センターの設立である。民間委託方式によって、民間が自主性を持ってセンターの運営などの関連事業を推進し、行政は側面から支援するものである。第二は、江陵市のまちづくり支援センターのように、市郡単位のセンターに村企業を統合的にサポートする機能を付与し推進する案である。第三に、地域の大学や研究機関などと連携して、関連機関内にセンターを設置する案が考えられる。最後は、広域圏の中核市に広域センターを設置する案である。具体的には、春川、原州、江陵、太白、三陟圏などを中心に、中間サポートセンターを設置する構想である。

（4）教育・訓練プログラムの導入案

村企業が村単位で定着して持続可能な発展を遂げるためには、ビジネスコンテンツを発掘し、それを現場で事業化する主体の養成が何よりも重要である。このような意味での教育・訓練は、本事業の最も重要な部分を占め、特に、事業の初期段階において事業の成功の成否を左右する重要な鍵となる。したがって、中長期的な観点からの体系的で総合的な教育・訓練システムでなければならない。

そのために、「村企業アカデミー」を開設する。受講対象は、地方公務員、中間支援組織、非営利民間団体のメンバー、雇用支援センターの関係者などを含む様々な関係者とする。さらに、関連事業の中核的人材を育成するために、教育の履修者を対象に「先進研修プログラム」を実施し、認証制度を導入する。特に、地方自治体職員の本事業への理解と認識を高めるために、「江原道人材開発院」の関連教育プログラムを開設して、市郡職員を対象に体系的かつ持続的教育を実施する。

教育・訓練において重要なのは、村の住民を対象にした教育訓練である。最近の農村リーダー養成教育やまちづくり、住民教育と連携して、住民組織化と経営、マーケティングに焦点を当てた「村企業教育プログラム」を導入して、住民対象の教育事業を実施する（**表9・4**）。

最も重要なことは、これらの教育・訓練事業の実施に先立って、様々な分野の専門家が集まって、事業段階や対象を絞った内容別の教育プログラムを開発することである。近年、やみくもに実施されている農村教育の「虚と実」を直視しなければならない。

【参考文献】

（1）江原道希望の雇用推進団『江原道自立型地域コミュニティ事業選定の現状』二〇一〇
（2）雇用労働部『二〇一〇年社会的企業の認証業務マニュアル』二〇一〇
（3）金ミョンフイ「英国の社会的企業のケーススタディと韓国への政策的含意」『社会福祉政策』第33集、二〇〇八
（4）金ジェヒョン「コミュニティビジネスの意義と方向」『江原地域の雇用フォーラム資料集』二〇一〇
（5）金チャンファン「中間支援組織の役割と完州郡の適用事例」『コミュニティビジネスモデル事業第二次地域フォーラム資料集』コミュニティ・ビジネスセンター、二〇一〇
（6）農水産食品部農村政策局『農漁村コミュニティ会社「活性化策」』二〇一〇

（7）大韓商工会議所『住民主導型の地域経済活性化戦略と政策課題』二〇一〇
（8）朴ヨンギュ他『コミュニティビジネスと地域経済の活性化』Issue Paper、サムソン経済研究所、二〇〇九
（9）呉ヒョンハ「コミュニティビジネスの現状と課題」『農政研究センター第一八回年次シンポジウム資料集』農政研究センター、二〇一〇
（10）完州郡希望製作所『完州郡コミュニティビジネスセンター設立運営方策』二〇〇九
（11）咸ユグン・金ヨンス『コミュニティビジネス』サムソン経済研究所、二〇一〇
（12）行政安全部『自立型地域コミュニティ事業施行指針』二〇一〇
（13）日本経済産業省『コミュニティビジネスにおける自治体等とコミュニティ活動事業者との連携による地域経済活性化事業実態等調査研究報告書』二〇〇三

第4部　農村開発政策の歴史的意義

第4部では東アジアにおける農村開発の意義を、日本、韓国、中国の農村の特殊性と農村政策の歴史的展開を踏まえて論じている。

第10章は、江原道が沈滞した農村に活力を与える運動として取り組んだ、新農漁村建設運動の展開と到達点を明らかにする。中央政府の地域農業政策のモデルとなった新農漁村建設運動の先進性、画期性と今後の展開方向が示される。

第11章は歴史的視点から日本・北海道・韓国・中国における農村開発が論じられる。「内国植民地」である北海道と、韓国・中国の農村はともに、生産力主義的な目標管理という機能的手法により村落や地域を動員する農村政策が可能な村落構造を持つ。しかし、近年の農業・農村の危機の中で主体的・内発的な農村開発が必要とされているという共通性が明らかにされる。

第10章　先駆的な新農漁村建設運動の展開と特徴——江原道——

金　庚亮・姜　鍾原

1　新農漁村建設運動の背景と目的

江原道は、一九九八年に地方自治体レベルでの農漁村開発政策として「新農漁村建設運動」を開始した。当時、江原道の農業競争力は非常に劣悪な状態にあり、アジア金融危機の中で新しい活路を模索しなければならない状況にあった。江原道は多くが農漁村地域であり、都市と農村との開発・所得格差は急激に拡大をみせていた。国が推進する先進国型の経済・社会発展段階と江原道の農漁村の姿を比較する時、時間の経過とともにその乖離は拡大していたのである。この打開のためには格段の努力が必要であり、江原道は地方自治体が中心となって地域の活力を取り戻すために、学界と協力して新農漁村建設運動を企画し、これを実践に移すことになった。

一九九九年以後、新農漁村建設運動は農村住民の自律的な発展力とその意志が強い村（行政里、以下同）を優秀村として選定している。この一四年間で選定された優秀村は三一〇村におよび、そこには道費三億ウォン、市郡費二億ウォン、合計五億ウォンが支援されている。この新農漁村建設運動は、一四年の間、江原道の農業・農村政策の中核的位置を占めた。また、二〇〇〇年代以後の中央政府による農村関連政策は新農漁村建設運動と同一の文脈において進められている。新農漁村建設運動は国内で初めて住民主導のボトムアップ型の農村開発方式を採用し、中央政府次元での農村関連政策の先鞭を付けたと言うことができる。特に、新農漁村建設運動は困難な農漁村問題を打開する際に、これまでの政策のなかで唯一地方自治体が中心となって政策化を行った点が特筆される（姜鍾原他［二〇〇八］）。

新農漁村建設運動は、内部的には住民の自信回復、農漁村の発展をもたらし、外部的には韓国の農漁村開発政策の優秀事例（朴シヒョン［二〇〇九］）とされ、国家農漁村回復モデル施策（農水産委員会、一九九九年）や農村総合開発事業および緑色農村造成事業（農林水産食品部、二〇〇四年）などの地域開発事業推進方式に採用され、学界においても韓国農村政策のモデルとして高い評価を得ている。

本章では江原道の新農漁村建設運動のこの間の成果と今後の課題を明らかにし、韓国農村社会発展のオルタナティブとしての位置づけを明らかにする。

2　運動の推進体系と優秀村の指定状況

（1）農村開発政策と新農漁村建設運動

伝統的に農村は都市と対比される空間ないしは地域社会として理解されてきた。農村は農業地域で、食糧生産と工業製品消費市場であり、都市の残りの空間と認識されてきた。また、社会・経済的特性の側面で農村は「農村らしさ（rurality）」がある地域、人口密度や絶対人口数が限界線以下の地域、農業従事者数が高い地域として分類されている。文化的側面では社会的連帯や伝統文化を持ったところが農村地域として定義されている。政策的側面では、農村政策は道路整備、住宅供給など社会関係資本が中心であり、国民の最低限の生活の質を保障するサービス基準（services standard）を達成することに重点がおかれている。

最近の韓国の農村政策は単に農業者の生活環境の改善と農外所得の増大だけではなく、農村住民の生活サービス基準への底上げ、雇用機会の創出、所得水準の保障、環境目標値への引き上げなど地域統合的な部門を広範囲に包括している（注1）。農村地域開発政策の究極の目的は農業・農村の地域活性化にあるということができる。農業・農村分野の地域活性化は農村地域全体が変化することにより可能となる。

このような脈絡で見ると、新農漁村建設運動は住民たちの自発的な参加をもとに自らが生活する地域を活性化させる代表的な事例ということができる。新農漁村建設運動は精神、所得、環境そして住民たちの自発的参加、住民自らの計画樹立と推進という側面で近年実施されている農村政策とその文脈を共有しているといえる。

(2) 新農漁村建設運動の推進体系

新農漁村建設運動は農漁村住民の村発展に対する力量と意志が高いモデル村（優秀村）を選定して、インセンティブ型の支援を行う。選定された優秀村は江原道の農漁村の先導的役割を担当し、モデル効果を広めることで江原道の全ての農漁村が競争力を備えることを目標にしている。

新農漁村建設運動は江原道内の農漁村に活力を吹き込むことを目的として始まった運動であり、事業よりも運動的側面がより一層必要であった。これに伴い、農漁村住民たちが運動に積極的に参加するように三つの目標と三つの理念を提案した。

運動の三大目標は「事実求是」、「自力更正」、「自律競争」である。事実求是は、村の現実をありのまま把握し、新たな挑戦のために絶えず努力し、農村問題を解決するという意味がこめられている。自力更生は、他人の助けを借りずに村の住民の力のみで農漁村を変革し、江原道の力を見せようという意味が込められている。そして、自律競争は、住民間の健全な競争を通じて村を発展させ、村落間の健全な競争を通じて地域を発展させようとする意志を込めている。

また、これまでのように行政が事業導入を一方的に決定するのではなく、村落間の健全な競争を通じて優秀な村を選定し、江原道全体の農漁村を発展させるウィン・ウィン戦略を取り入れた。このような村単位の競争と評価によって優秀な村を選定したことは国内で初めての経験であった。現在政府が推進している農村関連政策での事業採択の方式においてはこの方式が導入されている。

新農漁村建設運動の三大理念は「精神」、「所得」、「環境」であり、これを通じて村の住民が自らの村発展のための具体的な戦略を樹立して実践することが可能となった。「精神」は、意識・発想の転換を通じて新知識と技術習得のためのベンチャー精神、無限競争時代の農漁業環境を自ら切り開くフロンティア精神、生産技術、経営、マーケティングの高度化・情報化を通じた専門家・新知識人養成を目標としている。「所得」は、既存の営農システムを再評価し、地域特性に見合う所得作物の開発、環境にやさしい農漁業の実践を通した清浄農水産物の生産、高付加価値の実現、農水産物の品質差別化、市場差別化を通じた農漁村競争力の強化、所得倍増を目標としている。「環境」は、住居環境・村落環境、山と水などの農漁村生活環境および景観造成、健全な生活様式、文化福祉施設、豊かな地域文化の創造を通じた農漁村住民の生活の質向上、江原道の美しい山河と農漁村の環境を積極的に活用したグリーンツーリズムの推進などを内容としている。

その推進方法は市郡ごとに多少の差はあるが、概して次のような手続きによって成り立つ。まず、市郡の職員は村長を含む地域住民に施策説明会を行い、参加を望む各村の村長は自分の村の推進団を構成する。村の推進団は各村別に精神、所得、環境に対する分野別計画を樹立し、一年以上の事業推進を行う。村では住民が自律的に多様な小規模の村整備事業を推進して村の発展計画を構想する。その際、優秀村の審査に向けて住民の様々な活動を証明できる資料と計画書を作成する。運動の推進過程で応募に自信のある村は、所属する市郡に対し、道による審査への申請を行う。市郡では申請村に対して独自の評価を行い、競争力のある二〜四の村を江原道に対し優秀村として推薦する。市郡は同時に地元での優秀村を選定する。市郡の優秀村に選ばれた村は、道の選定にもれた場合でも翌年に再び応募することができる。市郡からの推薦をもとに道は新農漁村建設運動の諮問団を中心として優秀村審査・評価団を組織する。この審査・評価団は推薦された一八の村を対象として書類審査と現地調査を行い、その間の運動の達成状況と村発展計画、および今後の可能性を評価し、優秀村を最終選定する。選ばれた優秀村に対しては「包括的革新力量事業費」として五億ウォン（道費三億ウォン、市郡費二億ウォン）が支援される。この事業費には使途の制限がなく、事業費は住民自らの計画により執行する。これを通じ、優秀村は各村の特徴に見合った事業を推進し、特性のある村として育成される。

このように、新農漁村建設運動の主体は村の住民であり、運動の推進も作物班、営農会、婦女会、生産者団体などからなる村単位の推進団が主体になり、自律的実践計画を樹立・推進している。このような自助努力と運動の早期定着のために、行政は専門担当支援組織を設置・運営している。また、江原道をはじめとする地方自治体と大学・研究機関・農学系教育機関などの学界、農協などの生産者機関・団体などが分業体制を構築し、新農漁村建設運動を積極的に支援している（**図10・1**）。

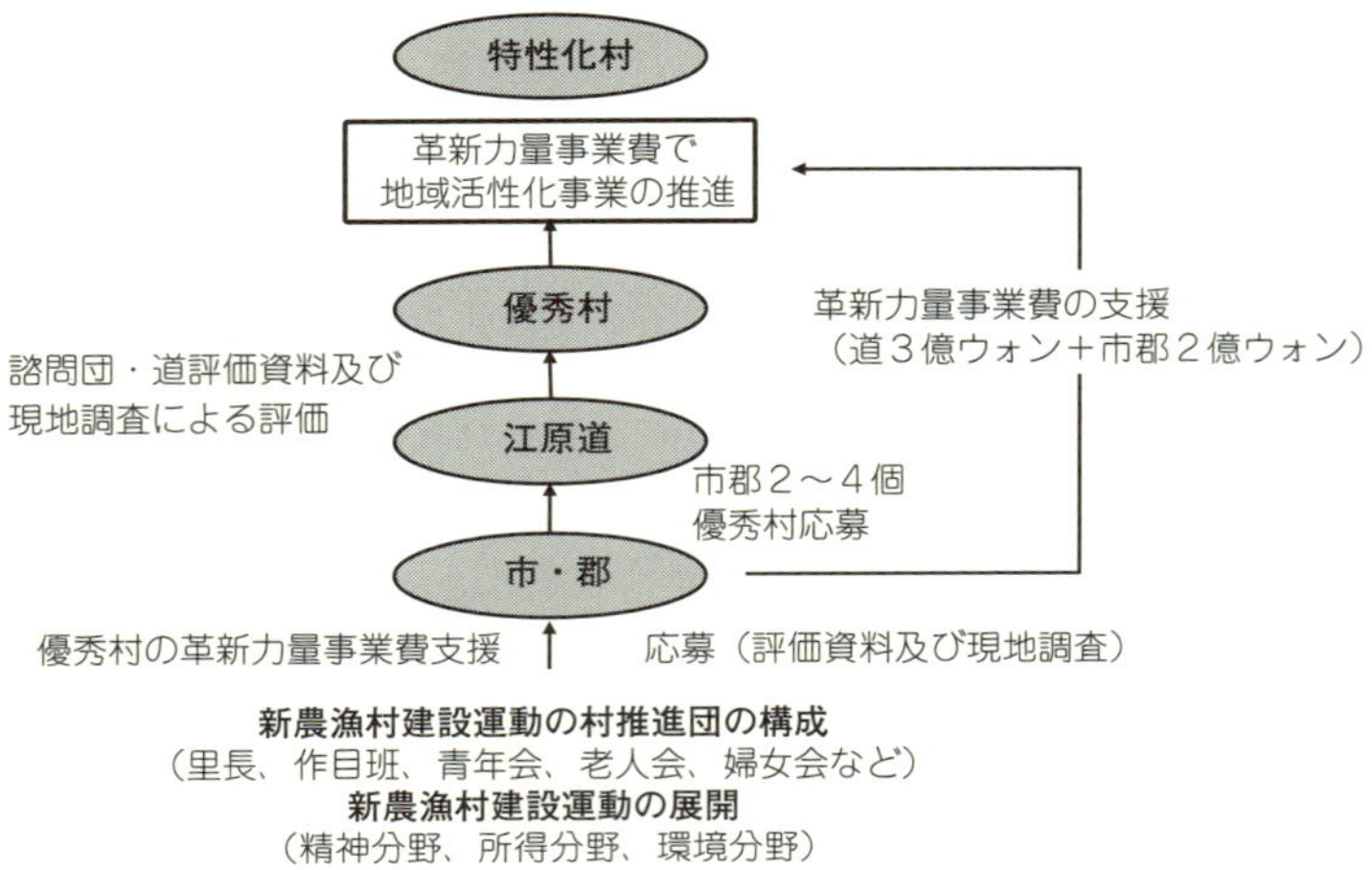

図10･1　新農漁村建設運動の推進体系

（3）新農漁村建設運動の推進状況

二〇一二年までに選定された優秀村は合計で三一〇村であり、一九九九年に一〇村、二〇〇〇年から二〇〇四年までは毎年一五村、二〇〇五年から二〇〇九年には毎年三〇村、その後も二〇村以上を選定している。この中で、二〇〇〇年からは漁村を一村づつ、二〇〇五年からは二村づつを選定している（**表10・1**）。

優秀村が継続的に選定される中で、その事後管理についての問題が発生するようになった。これに対し多様な方策が模索されたが、その対策の一つとして代表優秀モデル村の選定がある。これは、以前に選ばれた優秀村の持続的発展の誘導と新農漁村建設運動の効果を最大化し、持続的な発展を企てるために選定された。代表優秀モデル村は優秀村選定後五年間の村の発展状況を評価し、二〇〇四年からは二村づつ、二〇〇八年から二〇一〇年は三村づつ、二〇一一年には二村が選ばれ、合計で一九村となっている。

表 10·1　新農漁村建設運動における優秀村の選定状況

（単位：村数、%）

市郡名	行政里・通			1999	2000	2001	2002	2003	2004	2005	2006	2007	2008	2009	2010	2011	2012	合計	採択率
	行政里	通	合計																
春川	181	460	641	1	1				1	1	2	1	3	3	2	1	2	15	2.3
原州	175	346	521		1	1	2	1	1	1	2	1	2	1	1	2	1	17	3.3
江陵	146	323	469	2	1	1	1		1	4	3	2	2	3	1	1	1	22	4.7
東海	-	234	234		1	1			1	1	1	1	1	1	1		1	10	4.3
太白	-	172	172			1					1		1		1	1		5	2.9
東草	-	211	211					1	1	1	2	1	2					7	3.3
三陟	160	106	266	1	1	1	1	2	1	2	2	2	2	2	2	1	2	22	8.3
洪川	196	-	196		1	1	1	1		2	2	2	2	2	2	2	1	19	9.7
横城	175	-	175	1	2	1	1	1	1	3	3	3	3	3	3	1	1	27	15.4
寧越	177	-	177		1	1	1	1	1	1	1	2	1	2	2	2	2	18	10.2
平昌	188	-	188		1		1	1		1	1	1	1	2	2	2	2	15	8.0
旌善	181	-	181		1	1	1	1	1	2	2	2	1	1	2	2	2	19	10.5
鉄原	109	-	109	1		2	1	1	1	2	1	2	2	2	1	1	1	17	15.6
華川	81	-	81	1	1	1	1	1	2	1	2	2	1	2	2	2	2	20	24.7
楊口	77	-	77	1	1	1	1	1	1	3	2	1	2	1	1			16	20.8
麟蹄	84	-	84		1	1	1	1	1	2	2	3	2	2	2	2	2	22	26.2
高城	127	-	127	1		1	1	1		3	2	3	1	2	1	1	1	17	13.4
襄陽	124	-	124	1	1	1	1	1	2	1	1	2	2	2	3	2	2	22	17.7
計	2,181	1,852	4,033	10	15	15	15	15	15	30	30	30	30	30	29	23	23	310	7.7

資料：江原道行政資料

3　運動推進の成果

新農漁村建設運動の成果としては、先駆的に道単位で行われた施策が全国に波及し、中央の政策で援用された点をあげることができる。新農漁村建設運動は地域のネットワーキングの構築と地域社会の新しい活性化の手段を提供したといえる。これは江原道の農漁村の活力の向上に寄与し、所得増大にもつながっている。こうした成果は中央における地域農政を推進する契機となり、政府が農村開発政策を推進する種火となった。

新農漁村建設運動の目標の一つに道内の農漁村の競争力を向上させることがある。この点で、政府の公募事業に江原道の優秀村がどの程度選定されているかがこの運動の成果を測定する一つの指標となる。全国施策の公募制による事業選定において江原道地域が優位性を示すことは当然の結果であった。政府が推進した農村関連各種公募事業では緑色農村体験の村、伝統テーマの村、情報化の村、農村の村総合開発事業、山村生態村造成事業、きれいな村づくり大会などがある。このような政府の各種公募事業に新農漁村建設運動の優秀村が応募する場合、九〇％近くが選定されている。この結果は優秀村が競争力を備えていることの現れである。公募事業においては該当事業を成功裏に推進することが可能であると判断される村が選定される。このように新農漁村建設運動は農漁村が競争力を備えるための総合的な事業推進を図る政策であるといえる。

また、もう一つの成果は、村の発展方向を自らが計画し、実践することで、特性のある村づくりを行ったことである。インセンティブとして支援された革新力量事業費を活用してその達成を図るのである。各村で推進された事業においては農漁業生産のインフラが優先的に整備され、次に農漁村所得事業、住民福祉および環境改善事業が取り上げられた。ここで重要なのは村の住民個々の利益よりは村全体の共同利益が優先され、その結果、村全体の住民に対する生活の質の向上がめざされたことである。この努力を通じて、特産品の開発、漁業の振興、グリーンツーリズムや環境生態の重視、親環境農業の推進、山村特性の発揮などの特徴ある村づくりが行われている。

この運動を通じて何よりも大切な成果は、住民が自信を持ち、村づくりの動機づけが行われた点である。こうした雰囲気は、村全体を活性化させることにつながった。事業の実施段階で住民の自主性を一〇〇%認めたことで住民は自信を回復し、自発的に行動したのである。また、このような意識転換は生活倫理、価値観、環境認識、愛郷心など多くの「精神」目標を選定、実践するという波及効果を生み、新農漁村建設運動は社会・教育的機能までも発揮することになった。さらに、この運動で選ばれた課題は住民の全体会議を通じて住民皆が参加し、実践することになり、住民を団結させる契機になっており、これによって村に対する愛着心をより一層高めることになった。そして、住民自治の力量を倍増させた点に意義を見いだすことができる。

運動の最も大きな特徴の一つは、全てを村自らが決定して実行するということである。住民が直接に長短期の村発展計画を樹立する点で差別化されており、村整備にも住民が直接参加する機会が提供されている。優秀村に選ばれれば革新力量事業費で五億ウォンを支給されるが、どのような事業をどのように実施すべきかを一〇〇%村の自らが決定することになる。このように新農漁村建設運動は住民自治の力量を倍加させ、住民が協力して相互扶助を行う風土を醸成する教育的効果もあると評価されている。

また、人的ネットワークの強化という面でも大きな成果を上げている。村と村、村と都市を連結することはもちろん、大学教授など外部専門家との連携を促進するなど人的・地域的ネットワークを拡大する契機になっている。これにより、江原道の農漁村地域の発展に対し多様な波及効果が期待できるのである。

所得の側面で見ると、新技術導入、組織化、差別化されたマーケティング、消費者指向的農業を実践することで所得は増加している。優秀村が推進した所得関連事業を見ると、新技術の導入を通じた新作物導入と規模拡大のための全住民の参加、さらには村単位の所得向上事業が試みられている。また、個別農家単位での作物構成の変化に始まり、住民全体を組織化することで産地規模の拡大が図られている。次に、差別化のためのマーケティングが多く取り組まれている。農産物販売の競争力向上のために、既存の品目に加え、共同所得事業として韓牛、キノコ、高麗人参、パプリカなど新しい品目が導入されている。また、付加価値向上のために一次加工による商品販売が行われ、固定的な顧客の確保や消費者ニーズを把握した商品開発が行われている。これに加え、既存流通経路での販売だけでなく通信販売を実施し、消費者からの注文生産と直取引によって販売価格を高めている。また、生産される農産物は道および市郡ブランド、農協ブランドあるいは村単位の共同ブランドなどの多様なブランド化を通じて競争力を高めている。

さらに、優秀村の大部分は定期的に消費者を招待するなど都農交流行事を行い、消費者に余暇および休息空間を提供し、都市住民が農産物の生産現場を体験することで生産者への信頼や農業に対する理解の向上を図っている。合鴨の放流行事や農業体験行事など各種行事を通じて村が持っている自然資源を最大限活用して農外所得源としている。また、優秀村の大部分が親環境農業の実践と品質認証を通じて消費者からの信頼を勝ち得ている（**表10・2**）。

表 10·2　新農漁村建設運動推進の成果

肯定的評価		詳細
韓国農村政策の変化の誘導		・中央政府の施策で援用 ・全国の地方自治体、学界、研究機関、農漁業団体の視察
政府公募事業の先導		・2009 年まで 235 の優秀村中 139 の村(59.1%)が 1 つ以上の公募事業を推進 ・139 の村が 230 の公募事業を推進
農漁村地域の活力化		・優秀村の発展にともなう近隣村の競争心誘発 ・江原道農漁村の発展の契機 ・江原道内の全農漁村の活力増進
類型別特性化推進		・村毎の特性に対応した村づくり ・住民による住民の村特性化 ・農水産品特性化の村、グリーンツーリズムの村、山村の村、親環境農業の村、漁村の村、親環境生態村
力量強化	住民の自信を鼓舞 目標達成への動機づけ	・村全体に新しい活力の誘発 ・意識の転換、精神の変化など社会・教育的機能を発揮 ・絶え間ない努力を通じ優秀村に結実
	住民の団結力を鼓舞	・村の共同目標と課題を住民全体会議で決定 ・選定した課題を全住民参加により実践 ・住民団結力の向上、村に対する愛着心を鼓舞
	住民自治の力量を増幅	・村の事業に対する住民自らの決定および責任 ・村の事業に住民が直接参加して推進 ・新しい村事業に挑戦
	人的·地域的 人的ネットワーク強化	・同郷人との交流活性化・農産物販売効果・愛郷心を鼓舞 ・村と村、村と都市、村と外部専門家との連携促進 →相互補完と協力を通じての村の発展
所得向上	新技術導入および 組織化	・新技術導入を通じた新しい作物導入 ・全住民の組織化を通じた産地の大規模化 ・農家単位で品目別の推進 →住民全体の所得向上
	差別化された マーケティング	・共同所得事業で新品目導入 ・付加価値向上のための加工商品販売拡大 ・消費者のニーズに合わせた差別化された農産物生産 ・通信販売実施を通した流通費用削減 ・農産物ブランド化を通した競争力向上
	消費者指向的農業	・都農交流行事を通じて都市民の農業·現場体験で農外所得を向上 ・親環境農業の実践、品質認証拡大で生産品の信頼度向上

資料：金庚亮他［2006］を修正補完して作成。

4　これからの新農漁村建設運動の課題

（1）政策パラダイムに対する対応

変化する状況に積極的に対処するためにパラダイムの変化に積極的に対応する必要がある。新農漁村建設運動の基本理念についても同様である。新農漁村建設運動推進の方向は優秀村選定等を通じて江原道農漁村の活力を増進させるということにあった。しかし、一四年が経過し、政府の各部署でも農漁村に関連した多様な政策が推進され、全国の広域自治体も独自の農漁村関連政策を展開している。また、ＦＴＡ締結など絶え間ない市場の開放圧力は、農産物だけにとどまらず、農村・住民意識・リーダーの変化を要求している。しかし、新農漁村建設運動はこのようなパラダイム変化に十分対応できていないことも事実である。今後、急激に変化する周辺の状況に積極的に対応することが課題となっている。

新農漁村建設運動は精神、所得、環境という基本枠組みから脱皮し、二〇一二年からは村企業型の新しい運動へと方向を転換して事業推進を行っている。村企業型の新農漁村づくりは、住民の自発的参加を基礎に村の多様な資源を活用し、企業経営方式による村運営と共同収益事業を通じて事業能力を高め、自立経営を実現することを目標にしている。このため、推進組織は「村会」を基礎とした「村企業」とし、最終的には村単位の統合法人の形態を指向している。

事業費の支援方式は、既存の村当たり五億ウォンを支援するインセンティブ型事業費を二〇一二年から変更し、二年間を一事業期間とし村当たり三億ウォンを均等支援し、三年目に実績評価を行い、支援中断か三億ウォンの支援継続かを決定する方式に変更されている。

（2）優秀村の推進目標の設定

新農漁村建設運動は精神、所得、環境という三大理念のもとで事実求是、自力更生、自律競争という目標から出発した。その過程で毎年優秀村を選定している。これまで選定された優秀村は二〇一二年現在で三一〇村である。しかし、現在まで新農漁村建設運動の優秀村の数値に関する議論は行われなかった。新農漁村建設運動が対象とする村は江原道内の全ての農漁村の村である。行政里を対象とすると約二、一八五村（注2）が新農漁村建設運動の推進対象の村である。ただし、都市化が進展した村などを除くと、約一、六八〇村が対象となる。当初の優秀村は、近隣の村を牽引できる拠点の役割を果たすことが目的の一つであった。今後は、江原道の新農漁村建設運動の優秀村の目標値を設定する必要がある。また、地方自治体の事業として農村の村づくりを推進する場合、一定部門の目標を定める必要がある。

（3）事後管理およびネットワーキング

優秀村に対する事後管理を適切に行うことが今後の課題である。新農漁村建設運動は優秀村の選定後の革新力量事業費の支援効果を分析しておらず、優秀村選定以後のプログラムの不足により優秀村を持続的に維持・発展させる点で不十分であるという指摘もある。二〇一〇年までに選定された二八七村に対して管理の側面で支援を行ったことはほとんどないといっても過言ではない。

村づくり事業を持続的に維持・発展させるためには、選定された村に対する事後管理およびネットワーキングが必要である。特に、村のリーダーに対する定期的な教育および訓練を通じて村の持続的な発展を進める機会の提供を積極的に検討する必要がある。

また、村の指導者協議会などを組織することを通じて彼らが定期的に集まるようにしなければならない。このような村の指導者協議会を通じて事業期間以後の推進状況やジレンマを聴取し、より発展的な方策を準備し、村を持続的に管理するためのコンサルティングなどの支援が必要である。

(4) 事業費支援方式の改善

新農漁村建設運動に対する広報と認識不足により、一部の優秀村で事業費執行に問題が発生している。また、新農漁村建設運動の事業には特色がないという指摘も多い。すなわち、村で懸案となっていた事業を実現するための手段に転落しているという評価である。村で推進する事業は、多くの分野で補助事業による制約を受けているのに対し、新農漁村建設運動の革新力量事業費はそれがないことが評価されている。そして、農村地域の政策変化を成功裏に誘導したという評価もある。しかし、環境および農村観光分野の多くの事業が展示的な事業であるという批判もある。特に、村住民が自らの力量と限界を把握せずに、多様な祭りなどのイベントを実施し、失敗するケースも存在する。また、地域で推進する事業が経営的な側面でコスト概念を持たずに推進され、そのために継続的な政策補助を必要とし、その継続に失敗すると村が混乱する原因にもなってもいる。事業費は村の長期発展のための事業費としての役割を忠実に果たし、村の構成員に刺激を与える限度で支援することが妥当といえよう。

5　おわりに

新農漁村建設運動は住民自らが計画し、実践する内発的発展論にもとづいており、住民の計画を公募して事業を実施するボトムアップ型の事業である。事業の推進方式は住民の自律性を最大限に保障している。事業費の執行についても、国内で初めて使途を特定しない包括補助金の形式を採っており、計画および執行も住民に権限と責任を与えた画期的な自律的事業である。

この事業は、政府や全国の地方自治体が農村関連事業に関心を持つ契機となり、農村開発政策の出発点となった。新農漁村建設運動が江原道の領域を超えて、国内農漁村の発展の手段となったとすれば、今後の新農漁村建設運動は変化する国際社会に積極的に対応していかなければならない。

ＦＴＡ締結など市場開放の圧力は、農産物だけではなく農村の村、住民そしてリーダーのグローバル化を要求している。したがって、今後の新農漁村建設運動も単純な農村開発だけではなく、グローバルなマインドを持って接近する必要があり、農業生産の空間から都市住民を受け入れることができる人生の空間としての農村社会、住民が共にする福祉の空間に転換することを試みなければならない。

注

（1）大韓国土・都市計画学会編著［二〇〇四］、朴珍道他［二〇〇五］を参照のこと。

（2）農漁村の定義や行政単位のとらえ方には幅があり、市部の洞・通や漁村の村をカウントするかどうかで若干の差が発生する可能性がある。

【参考文献】

（1）江原道研究団『江原道の新農漁村建設運動の活性化方策』第四〇回地方行政研修大会、二〇〇三
（2）姜鍾原「韓国の地域農政と農村開発の革新に関する研究」経済学博士論文（江原大学）、二〇〇四
（3）姜鍾原「新農漁村建設運動の事後管理方策」『研究報告』4巻16号、江原発展研究院、二〇〇五
（4）姜鍾原「新農漁村建設運動の評価と改善方策」『新農漁村建設運動の現状と発展戦略ワークショップ』江原大学農村開発研究所、二〇〇六a
（5）姜鍾原「江原道における地域づくり事業の現状と課題」『江原農水産フォーラム第五二回定期セミナー発表資料』二〇〇六b
（6）姜鍾原・金庚亮「新農漁村建設運動の現状及び発展方策」『江原農水産フォーラム第八五回定期セミナー発表資料』二〇〇八
（7）姜鍾原「新農漁村建設運動の補完・発展方策」『研究報告』10巻28号、江原発展研究院、二〇一〇
（8）権ジョンテク「観光を通じた地域活性化運動の胎動に関する考察—日本の内発的発展の事例を中心に—」『観光研究』第14集、大韓観光経営学会、一九九九
（9）金庚亮「江原道の新農漁村建設運動の評価と発展方向」『江原農水産フォーラム第一一回定期セミナー発表資料』二〇〇二
（10）金庚亮他「自治体農政時代の新農漁村建設運動の意味と課題」『農業経済研究』韓国農業経済学会、二〇〇三年三月
（11）金庚亮他『新農漁村建設運動の革新方策』江原道、二〇〇六
（12）金庚亮他「新農漁村建設運動の優秀村選定体系の選定に関する研究」『農業経営・政策研究』韓国農業政策学会、二〇〇七年六月
（13）金庚亮「韓国農村のビジョンと課題」『韓国農業経済学会夏季学術大会論文集』二〇〇七
（14）金ジンソン『韓国農漁村の希望—第三の道「新しい農漁村建設運動」』テヒ、二〇〇六

(15) 大韓国土・都市計画学会編著『国土・地域計画論』ボソン閣、二〇〇四
(16) 朴シヒョン「国際化・地方化時代の地域活性化運動の実践方策」『第一回韓・日地域社会開発指導者交流大会「国際化・地方化時代の地域活性化運動の実践方案摸索」のためのワークショップ』セマウル運動中央会、二〇〇〇
(17) 朴シヒョン「農村地域の再生事例—韓国社会の質的発展のための構想」『暮らしやすい地域づくり』国家均衡発展委員会、ゼイプラスアド、二〇〇六
(18) 朴シヒョン「韓国における農村政策の評価と江原道の新農漁村建設運動」『韓国農業経済学会発表資料』二〇〇九
(19) 朴珍道他『農村開発の総合的戦略に関する研究』農政研究センター、二〇〇四
(20) 朴珍道他『農村開発政策の再構成』ハンウルアカデミー、二〇〇五
(21) 朴チャンス『新農漁村建設運動　いかに推進するか』新農漁村建設運動の現状と発展戦略ワークショップ、江原大学農村開発研究所・江原道、二〇〇六
(22) 宋ミリョン「暮らしやすい農村づくり—韓国社会の質的発展のための構想」『暮らしやすい地域づくり』国家均衡発展委員会、ゼイプラスアド、二〇〇六
(23) 池ギョンベ「住民参加型の村活性化の推進手続きと実践事例」江原発展研究院『江原広場』Vol. 62、二〇〇五
(24) 池ギョンベ『日本の住民参加型マチづくりの事例研究』江原発展研究院、二〇〇二

第11章　東アジアにおける農村開発政策の展開と課題——日韓中の比較——

朴　紅・糸山健介・坂下明彦

1　はじめに

ＷＴＯ体制への移行、グローバル化の進展により、先進国、途上国の国内農業政策はともに大きな転換を迫られている。ＥＵにおいては、一九七〇年代から進められてきた輸出補助金型の農業生産拡大路線が様々な矛盾に直面し、地域開発プログラムへの転換が図られている。これは単にＷＴＯ体制への移行による市場アクセスのための域内農業保護からの政策転換という意味にとどまらず、地域個性重視、環境重視、農家の多就業化、そして住民参加型プログラムという「イデオロギー」の転換として現れている。つまり、新大陸型、二〇世紀型の「近代化農業」からの脱却が志向されているといってよい。

他方、途上国においても従来の援助型の農業近代化政策が限界をみせている。東南アジアを例にとると、「緑の革命」に典型的に見られる灌漑投資を前提とした化学化稲作は様々な問題を発生させ、協同組合育成に典型的にみられた組織化政策も十分な成果を得られるものではなかった。その中から、住民参加を促すものとしての農村開発が国際援助機関のキーワードとなり、NPOなどとも連携した村落レベルでの組織化が進められようとしている。ここでも、環境保全型の農法や農家の多就業化をねらいとするマイクロクレジット組織の形成が意図されている。

これに対し、東アジア地域における農村開発政策はいかなる特徴をもつのであろうか。本章では、日本およびその内国植民地である北海道の政策展開をスケッチしたうえで、韓国、中国の農村開発政策の特徴を明らかにすることを課題とする。

2 日本と北海道における農村開発政策の展開

(1) 日本における農村政策と「農家政策」

近代における日本の農業政策が個々の農業者（地主を含む）を対象とするものから農村・村落を対象とするものに初めて転換したのは日露戦後不況期（一九〇五年）の地方改良運動においてである（注1）。農業者を全てカバーする農会を軸に郡・町村レベルでの農村振興計画を樹立するという手法が初めて採用された。農業不況の全般化が日本の村落の特徴である「自治村落」を動員する形態を生み出したのである。こうした政策手法が本格化するのは、第一次世界大戦の好況後、農業不況がかつてない深みをもって現れる世界恐慌期の一九三〇年代である。一九三二年から開始された農山漁村経済更生運動がそれである。村落組織を基礎に農会と新たに強化された産業組合（農村協同組合）が一体となって町村の農業振興計画が樹立され、農家負債の解消と流通・金融部門での計画化が一定の進展をみせる。ただし、そのスローガンが「自力更生」であったことに示されるように、

「自治村落」内での融和による農家負債のモラトリアムを行うことが財政逼迫期の農業政策のねらいでもあった。その後は戦時経済統制のもとで、これら農業団体の統制団体化が進み、補助金による誘導策が登場する。

第二次大戦後は農地改革が実施され、農村社会が自作農体制へと大きく変化するが、経済復興の中で都市と農村との格差が現れ始める。ここで、同様の政策手法として推進されたのが、一九五六年からの新農村建設運動（新農山漁村建設総合対策）である。これは一面では、村落組織による農業生産力向上運動であるとともに、農村電化に象徴される農業近代化政策への基点ともなった。

高度経済成長期になると、日米同盟のもとで経済開放による農産物輸入自由化圧力が強まるが、一九六一年の農業基本法に基づく「農業構造政策」が推進され、農業政策は農家個々を対象とするものになる（「農家政策」）。しかし、一九七〇年代に米の過剰化対策としての水田転作政策が実施されると、再び実施主体として村落が注目されるにいたる（地域農政）。

現段階においては、農家の高齢化による担い手の脆弱化に対し、構造政策として個別の農業生産法人を育成する方向と村落を基礎とする「集落営農」（地権者である高齢農家が集団で農地管理を行う）の方向がせめぎ合う状況に置かれている。また、農家の多様化も進展しており、農村資源をベースとした新しい多角化経営（グリーンツーリズム、農家直売、農産加工など）を志向する農家集団が村落を超える広域的な活動を行う姿も現れてきている。

このように、日本の農業政策は、農業の好不況のサイクルに従って農家政策と農村政策を使い分けてきたということができ、農村政策はいわば農村危機時の手法であったと言える。しかし、食料自給率四〇％という状況の中で、しかもグローバリズムによる自由化の波が押し寄せる中で、地域対策としても農村の保全そのものが直接的課題となっており、農村政策はEU的な農村開発政策へと転換しつつあると言えよう。

(2) 北海道における村落の特殊性と「農協」政策

以上のように、日本の農業政策は農業危機下において農村政策を重視してきたといえるが、それは日本的村落、「自治村落」を前提とする特殊な政策であるといえる。「自治村落」は近世封建制下の地代納入責任組織であり、家を細胞とし土地の領域をもつ村落共同体という東アジアでも特異な性格を持つものであった。

これに対し、北海道は二〇世紀以降本格的な農業開発が進んだ内国植民地である。ここでも、農業政策は基本的に同一の枠組みによって展開されたが、農村政策は自ずと異なった論理のもとで受容されることになる。一九三〇年代の農山漁村経済更生運動は同様の展開を見せるが、その細胞組織は「自治村落」が存在しないため、農事実行組合の設立という形で進展をみせた。農業技術指導(農会)の受け皿として農家二〇戸を単位に設置されたものであり、これが商業的農業に対応した産業組合(「農業協同組合」、以下農村協同組合と区別して「農協」と表記)育成政策の基礎組織ともなり、農業資材の受け取り、農産物販売の取りまとめ、そして何より共同責任による融資の受け皿となったのである。農家の流動性が極めて高いという内国植民地の特性は、こうした「農協」の経済活動により緩和され、農家の組織化が農家の定住化を招来する結果をもたらした(注2)。ここでの村落はあくまで機能集団であり、政策も目標管理型の性格を有していたといえる。

第二次大戦後は、こうして形成された中農層による農業近代化(技術・機械・施設)の受容組織として農事実行組合(北海道的村落)が位置づけられ、戦後一九六〇年代までは「農協」の展開と相互不可分の関係をなしていた。一九七〇年代以降は、農家の自立性が高まり、農業近代化に関わる補助金や融資による誘導が最も効果を現した地域であり、「構造政策の優等生」と言われる。個々の農家を対象とする「農家政策」が圧倒的に力を発揮したのである。しかし、同時に「農協」も集出荷・加工施設整備を行い、メーカーへの原料供給や本州などの中央卸売市場への農産物の遠隔地販売に力を発揮している。「農協」を構成する農家戸数は二〇〇戸程度と小さいこともあり、近年では農家と農協が一体化する地域農業支援システムが広範に形成され（注3）、農家は作目別の生産部会に組織化されている。農事実行組合から生産部会へと組織化の形態は変わりつつ、「農協」との強固な結合関係を維持しているのである。こうしたことから、北海道での農業政策の対象は「農協」であり、農家政策と農村政策が融合した「農協」政策であるといえる。

とはいえ、北海道においても、自由市場化された米価格の下落の他に、畑作物・生乳などの政府価格支持水準の低下もみられ、野菜作の増加や新しい多角化経営も現れており、新たな農村開発政策への模索が現れ始めている。この点は、他の章で詳細に述べられているところである。

3　韓国における中央集権的な農村開発政策とその自立化

(1)　韓国の行政組織の特徴

ここでは、韓国における農村開発政策の流れを、特に一九七〇年代に展開されたセマウル運動を中心に振り返り、現在の江原道発の自立的な農村開発政策の位置づけを行う。その前提として農村の枠組みとしての行政組織を概観しておこう。

韓国の行政組織は、**表11・1**に示すように、全国―道―郡を基本とするものであり、一九八〇年代末からの

表 11・1　韓国の行政組織（2010 年）

（単位：組織、千人）

	段階	組織数	人口	平均
首都圏	ソウル特別市		9,794	
	仁川広域市		2,663	
	京畿道		11,379	
	小計		23,836	
道（市）	広域市	6	12,584	2,097
	道	9	26,202	2,911
市郡区	市	75	22,413	299
	郡	86	4,312	50
	区	102	31,283	307
邑面洞	邑	214	4,200	20
	面	1,195	4,558	4
	洞	2,063	39,823	19
行政里	邑	8,212		
	面	28,286		
	小計	36,498		
合計			48,580	

注：1）『人口センサス』統計庁による。行政里については農業センサスによる。
　　2）区の人口は市の人口と重複部分があり、全国統計と一致しない。

民主化のもとで選挙による首長の選出と議会の開設により地方自治制度が確立している。このシステムは基本的に李朝時代からのそれを引き継いだものであり、日本の植民地時代に統治組織として整備されたものである。その下の邑面（町村に相当）は郡の出先機関である「事務所」の位置づけであり、末端には自治組織（洞契）を基礎とした行政里が存在する。

韓国においては一九六〇年代からの高度経済成長の過程で農家の挙家離農が進展し、農家数・農村人口数ともに急速な減少がもたらされた。その結果は、首都圏に全人口の五〇％近くが集積していることに現れている（**表11・1**を参照）。現在の韓国の農村部は市の一部と郡からなり、人口は郡部の四三一万二千人と市（区）部の四四四万六千人（市部の一〇・〇％）、合計八七五万八千人（全体の一八・〇％）からなる。また、一段下のレベルの邑は二一四（平均一万九、〇〇〇人)、面は一、一九五(平均三、八〇〇人)となっている。

行政里は邑に八、二一二、面に二万八、二八六、合計三万六、四九八存在する。これは一九六〇年代末には一万七、〇〇〇と記録されており、一九七〇年代に分割されてほぼ現在の数となり、自然部落(マウル)とほぼ一致するようになっている(注4)。この数字を単純に割り返すと一行政里の人口は二四〇人、面におけるそれは一六一人となる。世帯人口を二・五人とすると後者の平均戸数は六五戸程度となる。韓国の村は日本以上に縮小を示しているのである。

韓国における農村開発政策は、現状においては自治体である郡および農村部を含む市が主導しているが、この自治体数を一三〇と仮定すると、一自治体の邑面数はおよそ一一、行政里はおよそ二八〇となり、広範な対象を抱えているということができる。

(2) セマウル運動の展開

以下では、現在でも行政里の役職としてその名が残る一九七〇年代のセマウル運動の位置づけを行う(注5)。日本の植民地からの解放後も、韓国の農業・農村の困難は継続した。農地改革は一定の成果を示したものの、朝鮮戦争の打撃と軍事独裁政権下の農業収奪型の経済政策は農村を困難に陥らせていた。開発独裁下において、農業に好転をもたらしたのは、一九六〇年代末からの政策転換からである(一九六八年の農漁民所得増大特別事業、一九七〇年の米価引き上げ)。これは経済五カ年計画(一九六二〜六六年)から第二次計画(一九六七〜七一年)への移行にほぼ対応し、水利開発・基盤整備も徐々に進展をみせる。経済統制機関としての郡農協のもとで配給・供出の末端組織に過ぎなかった里洞農協も、一九七三年までに邑面レベルに統合され、相互金融(貯金・貸付）業務を開始し、経済組織としての内実を持つようになる。

この時期、一九七〇年に農村政策として打ち出されるのが「セマウル（新しい村）運動」である（注6）。これは、輸入代替から輸出指向工業化への転換による高度経済成長がもたらした都市農村間の経済格差の是正という客観的課題の他に、朴大統領の強い信念（地方長官会議における諭示）が作用したことが指摘されている。しかも、運動が進展を見せたのは、一九七二年の「一〇月維新体制」においてであった。セマウル運動は、「政府や地方行政機関が経済的資源（資材・補助金・融資あるいは技術）や政治的資源（競争、表彰）を洞里に供給することで、農民のセマウル事業への参加意欲を引出し、その事業を通じて農民の生活水準向上と「精神革命」を目指すもの」（注7）であった。運動の推進のために、五つの行政レベルに協議組織がおかれ、末端のそれは「洞里開発委員会」であった。また、各レベルに運動責任者が位置づけられ、洞里にはセマウル指導者がおかれ、里長とともに運動の中核を担うことになる。旧来の自治的組織が行政末端組織として初めて位置づけられたのである。

セマウル事業は、一九七一年に全国三万三、〇〇〇の行政里にセメントの無償配布がなされたのを皮切りに開始される（セマウル・カクギ）。事業は生産基盤部門、所得増大部門、福祉環境部門、精神開発部門に区分されている。

表11・2には、その投資額と財源を示している。初期の基盤造成期には、生産基盤部門（里内の道路改善が主）が圧倒的に多く、しかも労務提供を主とする住民負担割合が高かったが、自助発展期には所得増大部門（基盤整備による労賃収入の増加や園芸・畜産・特産品に導入による所得増加が主）の割合が高くなる。さらに、自律完成期になると所得増大部門の他に福祉環境部門（住宅改善、セマウル会館建設が主）が増加をみせる。財源

表 11･2　セマウル事業の投資額と財源

（単位：10 億ウォン、％）

年度		総投資額	投資分野			財源	
			生産基盤	所得増大	福祉環境	政府支援	住民負担
基盤造成期	1971	12				33.6	66.4
	1972	32				11.4	86.4
	1973	96	64.3	6.1	28.7	17.8	80.0
自助発展期	1974	124	45.6	27.3	23.3	24.9	79.7
	1975	296	21.5	63.4	10.3	42.1	57.3
	1976	323	28.0	47.8	20.9	27.3	70.5
自律完成期	1977	467	29.1	39.1	23.6	29.6	69.7
	1978	634	20.6	38.3	35.4	23.0	76.9
	1979	758	20.9	43.1	32.0	29.9	69.5
	1980	937	15.5	34.7	41.7	44.4	55.6
	1981	703	15.0	49.9	28.0	21.3	40.3

注：1）松本［1993］表5、表6による。
　　2）原資料は同論文を参照のこと。

では、政府支援の割合が高くなり、住民負担も労務提供から融資の割合が高くなる（セマウル基金・金庫の設置の効果）。この運動は、成果によってマウル（行政里）に対する補助金の序列化を行い、その競争を煽ることによって動員を図った点に特徴がある。この中でセマウル指導者は、行政との仲介者としての役割を果たすようになる（注8）。

その成果は、マウル内の道路・側溝の整備や住居改善という生活インフラの向上として現れるが、農家経済の改善として米の増産運動や畜産・園芸などの商品作物の導入が図られたことが注目される。前者は、高単収低質品種（統一米）の導入と多肥化の進展の結果であるが、むしろ一九八〇年代に在来の良質米の単収増によってそれが短期間で駆逐された点が注目される（注9）。「緑の革命」を超える成果が、普及組織の強化と相まって村落ぐるみの農民動員をもたらすという目標管理型の政策であったといえる。日本と比較すると、政治的背景を除けば一九五六年からの新農村建設運動と類似した政策であった。

しかし、韓国の高度経済成長は、日本のそれとは異なり農家の兼業化ではなく、北海道と類似した離農行動を誘発し（若年層の先行流出によるチェーンマイグレーション)、都市・農村間、非農業・農業間の格差を拡大させた。この間、都市部での農産物需要の拡大に対応した作物転換や畜産の拡大がみられたが(これがセマウル運動の成果かどうかは検討の必要がある)、農業構造政策としてはみるべきものはなかった。

(3) 地域農政の始動とグローバリズムへの対応

一九八〇年代末からの民主化の進展は、道・市郡レベルでの自治体の機能を強化させ(一九九五年に地方自治体の首長選挙)、独自性のある地域農業政策のベースが徐々に形成された点が重要である。ただし、邑面レベルには自治体が置かれなかったこともあり、それをエリアとする地域農協における経済事業は停滞的であり、金融に特化する傾向が顕著であった。

しかし、この時期の農業政策はGATTウルグアイラウンドに対応した農産物貿易の開放化を前提とした構造政策へと突き進んだ。一九九二年からは農漁村発展総合対策が実施され、二〇〇三年までの二回にわたる農漁村投融資計画の内容をみると、農業構造改善関連事業に重点がおかれ(注10)、稲作の規模拡大と機械化、畜産や園芸部門での施設投資に関わる補助・融資事業がこれまでにない規模で実施をみた(注11)。初めての本格的構造政策の展開であるといえる。また、農協などへの流通施設(ライスセンター、野菜集出荷施設)への補助事業も活発におこなわれた。ただし、その成果は芳しくなく、農家・農協の負債問題に帰結した部分も少なくない。その後、一九九〇年代末の金融危機のもとでのIMFによる構造調整政策は辛辣を極めたが、この下でもWTO対策として新環境農業政策が打ち出され、日本以上に新しい多角化経営への動きが加速されていく。

こうしたなかで、注目されるのが、一九九八年から実施された江原道による自治体独自の新農漁村建設運動である（注12）。これはＷＴＯへの加盟、ＦＴＡ協定の締結などにより急変している国内の農業・農村環境に対応しながら、地域住民が自発的かつ積極的に参加する新しい農村開発事業といわれる。基本理念は「精神」、「所得」、「環境」にあり、地域住民の意識転換のもとで、従来の営農システムを再評価し、地域特性に相応しい地域固有の作目開発や新環境農業による有機農産物など品質の差別化により農家所得の向上をはかり、生活・生産・自然環境を改善し、空間創出を行うというものである。具体的には、各行政里の洞契や作物班、婦人会が「新農漁村建設運動推進団」を結成し、これがプランニングを行ない、市郡、道レベルの二回の審査をパスすれば、「包括的革新力量事業費」（五億ウォン）が交付される仕組みである。この過程で、自治体・研究機関・地元大学・農協・関連団体が支援を行うという協働体制が取られている。かつてのセマウル運動とは異なり、コミュニティベースのボトムアップ型の運動と評価されるが、地域リーダーの育成、事業の収益性など新たな取り組みが抱える課題も少なくない。

これをひとつのモデルとして二〇〇四年から農業・農村総合対策が実施されることになる。ここでは、従来の生産基盤への投融資重点主義から所得・福祉・地域開発政策への支援が打ち出されている（注10）。この具体化は二〇〇五年からの「第一次農林漁業者暮らしの質の向上計画」であり、福祉・教育・地域開発などの生活インフラへ施策の重点を置き始めたということができる。

つまり、中央集権的農政から地方分権的農政への転換が指向されているのであり、国費負担率を上げ、地方自治体と農家負担を減少させている点も注目される。韓米ＦＴＡの影響など、韓国の農業環境は厳しいものがあるが、その中で政策も新たな農村開発政策に大きく舵を切ったということができる。

4　中国における三農問題と社会主義新農村建設

(1) 中国の行政組織の特徴

中国の地方行政（政府）組織は、**表11・3**に示すように、省―（地区）―県―郷鎮の三ないし四階層からなっている（注13）。そして、行政村（村民委員会）は「自治組織」として位置付けられ、その下部組織として村民小組が存在し、これらは農地の集団所有の単位となっている（注14）。ここで取り上げる社会主義「新農村」とは、現政権がめざす小康社会における都市との対概念であり、郷鎮という基層政府のもとで村（小組）を対象に事業が展開されているのである。

表11·3　行政組織と村

（単位：組織数、万人）

段　階	組織数等
省レベル	31
直轄市	4
地区レベル	332
市	284
県レベル	2,853
区	857
市	369
県	1,573
郷鎮レベル	40,466
鎮	19,683
郷	13,587
街道	7,194
村民委員会	589,874
郷村戸数	26,607
郷村人口	97,013
就業人口	53,685

注：『中国統計年鑑』2011 および『中国農業統計資料』2011 により作成。

実際、沿海地域の村々を歩くと舗装された道路、電化された二・三階建ての住居やアパート群が急速に拡大しており、生活レベルでの近代化が目の前で展開している風景に出合う。これが、内陸部まで進展しているかは疑問であるが、時期は異なるとはいえ日本での新農村建設運動や韓国でのセマウル運動を超える水準を先進地において示していることは間違いない。以下では、運動と捉えることも可能な中国流の新農村建設の背景と意義を考えてみたい（注15）。

（2）社会主義新農村建設政策の背景

中国における農村の位置づけは、日本や韓国とは大きく異なっている。そもそも伝統的王朝国家においては、官僚が派遣されたのは県城までであり、郷鎮やその下の保甲に行政制度が敷かれたのは日中戦争下の民国時代のことと極めて新しい。社会主義下の中国においても土地改革後一〇年を経ずして農業集団化が実施され、小農体制下の農村制度は三〇年程度の歴史しか持っていない。しかも、計画経済期には、重工業優先の工業化を達成すべく、都市商工業の国有化と農村の人民公社化による国有・集団所有の二所有制度、戸籍による都市住民と農村住民の分断、職業選択や移動の極端な制限が行われ、指令経済型の経済運営が行われた。農業は工業化のための蓄積と都市住民への食糧の低価格での安定供給の役割を担わされた。こうした二元経済構造を前提として市場経済制度への転換が進められたために、農村過剰人口の滞留のもとで都市と農村の所得格差が顕在化している。そこで、この解消をめざす対策として社会主義新農村建設が提起され、農村部の立て直しが図られようとしているのである。

まず、改革開放政策への転換以降の農業政策の基調の変化をスケッチすることから始めよう（注16）。一九八〇年代前半に人民公社が解体され、村民委員会ないし村民小組を単位とする農地の集団所有のもとに事実上の個人農体制が形成された。農産物流通統制が継続していた改革開放政策初期においては、村民委員会が再生された個人農経営をコントロールしつつ、農産物価格政策によって国民の大多数を占める農民の所得向上を図るという「農民政策」に重点がおかれた。しかし、一九八〇年代中期からの農産物流通の自由化のもとで価格政策に限界が現れ、一九八〇年代末には農業の停滞現象が発生する。この事態に対し、政策的には社会主義セクター(供銷合作社・信用合作社)の改革が提起されたが実態が伴わず、一九九〇年代には経営改革を目的とする「独立採算化」が推進され、むしろ個人農との利害対立が生じることになる。

こうした中で、政策の重点は中国社会主義の特徴であった農工複合体としての人民公社の社隊企業を郷鎮企業として位置づけ、農村工業化を図ろうとする「農村政策」へと移行する。これは、周知のように沿海地域での発展をもたらすが、この恩恵を受けなかった内陸地域との格差問題が発生をみる。これをカバーするために小城鎮建設政策(農村小都市における産業化政策)が取られるが、その成果は芳しいものではなかった。

一九九〇年代後半には農産物が総体的に不足から過剰の局面に変化し、「農業産業化経営」政策が打ち出され、農産物の量を確保したうえでの質の転換とその加工・流通体制の整備が課題となる。農産物の商品化は速度を速め、耕種業のそれを見ても一九九三年の五〇・二%、二〇〇三年の五六・一%から二〇一〇年には五九%にまで上昇を見せている(注17)。この政策は、都市部での所得増による農産物市場の拡大を背景にアグリビジネスの育成を図るものであり、従来の社会主義セクターによる農村組織化を放棄し、市場メカニズムにより新たな農業部門の組織化を図ろうとする「農業政策」である。農産物の産地化の主体は台頭する竜頭企業と二〇〇七年に遅ればせながら法制化された農民専業合作社(協同組合組織)である。

一方、一九九四年に実施された「分税制」改革による地方政府の財政問題の発生は、農村政策に大きな影響を及ぼした。国税・地方税が分離され、従来の国営企業の利潤・税の上納による地方政府財政優位の構造から、新たな付加価値税を国税として徴収する分与税とすることで中央政府財政が優位な構造へと転換され、地方政府は交付団体化したのである(注18)。しかも、地方レベルでの政府間財政関係は既存の制度が維持され、省>地区

＞県＞郷鎮という財政序列が存在するため、農村のインフラ整備や公共サービスが増加する中で基層財政が破綻を来したのである。そこで、**表11・4**に見るように二〇〇〇年代に入ると農業税の重課の他、表出はしていないが「三提五統」・「三乱」と言われる農民負担の急増が行われた。これは、次の三農問題の提起の中で郷鎮・村レベルでの農民負担の廃止、二〇〇六年の農業税の廃止へとつながっていく（税費改革）。そして、農民保護のための財政投入は中央政府財源の直接支出と地方交付税（還付金制度）によって賄われ、また二〇〇六年からの地方行政改革（農村総合改革）が推進されるのである。

社会主義新農村建設が提起されるのは、二〇〇二年の胡錦涛・温家宝体制により三農問題が重視される文脈のなかである。「小康社会の全面的実現」のためには三農問題の解決こそが「重点中の重点」と位置づけられる。二〇〇四年からは、年頭に「中央一号文件」として農業問題に関する文書発表が再開され、二〇〇六年のそれは「社会主義新農村建設の推進に関する若干の意見」であった。これは、二〇〇六年からの「第一一次五カ年規画」でも大きく取り上げられている。

表 11･4　農業税の動向

（単位：億元、％）

年度	農業税	付加税	合　計	対生産量
1990	108	15	123	2.6
1991	100	14	114	2.4
1992	105	14	120	2.5
1993	105	14	119	2.4
1994	105	14	220	2.5
1995	110	15	125	2.4
1996	109	15	124	2.3
1997	109	14	123	2.3
1998	111	15	126	2.3
1999	162	20	183	3.6
2000	123	17	140	2.9
2001	124	20	144	3
2002	250	53	303	6.2
2003	268	52	320	6.2
2004	195	37	233	-
2005	11	3	14	-

注：『中国財政年鑑』2011 による。

社会主義新農村建設の内容は、「生産発展・生活寛裕・郷風文明・村容整潔・管理民主」という四文字単語五つからなるものである。「生産は発展し、生活は豊かでゆったりとし、郷村の気風は文明的で、村の様相は整

表11·5　全国および中央予算に占める三農対策費

（単位：億元）

		2008	2009	2010	2011
中央財政支出	合計	5,956	7,253	8,580	10,498
	農業生産	2,260	2,679	3,427	4,090
	直接支払	1,030	1,275	1,226	1,406
	社会事業	2,073	2,723	3,350	4,382
	備蓄関連	576	576	576	621
	農業事務支出	1,822	3,501	3,880	4,785
中央財政地方移転		12,559	28,621	32,350	39,900
全国財政支出	合計		20,043	24,213	29,727
	農業生産		7,013	8,571	10,462
	直接支払		1,305	1,258	1,407
	社会事業		10,773	13,221	16,505
	備蓄関連		951	1,163	1,354

注：1）「各年度予算執行状況と予算草案報告」「財政支持「三農」状況」（財務部）による。
2）中央財政地方移転（中央財政対地方的税収返還和財力性転移支付）は大部分民生と「三農」支出である。

い清潔で、管理は民主的である」という意味になる。具体的には、①都市と農村の経済的社会的発展の調和、②産業的支柱としての現代農業建設、③経済的基礎としての農民所得の持続的増加、④物質的条件としての農村インフラの整備、⑤社会事業の発展による主体としての農民の資質や能力の向上、⑥体制的保障としての農村改革、⑦統治メカニズムとしての民主政治、⑧推進のための党の指導と全社会の支持、である。

(3) 三農問題対策費の内容

社会主義新農村建設ではこれまで見られなかった中央政府による財政出動が行われている。そこで、ここでは財政的視点から社会主義新農村建設に関連した支出の動向を見ることにする。

二〇〇三年から開始された「三農」投入は、二〇一一年段階で中央・地方を合わせた全国規模で三兆元を超え、中央財政支出のみでも一兆元を超える水準となっている（**表11・5**）（注19）。中央財政支出の大きな柱は、第一に農家への直接補助であり（注20）、食糧生産農家直接補助、生産資材購入直

表 11·6　直接支払制度の内訳

（単位：億元）

	直接支払合計	農業資材総合	農機具	優良品種	食糧直接支払
2005			3	39	132
2006			6	42	142
2007		276	20	67	151
*2008	1,030	482	40	71	151
*2009	1,275	756	130	155	
2010	1,226	835	145	204	
*2011	1,406	860	175	220	

注：1）表 11·5 に同じ。ただし、2005、06 年は高屋［2008］p.107 による。空白は記載なし。
　　2）＊年は予算。

接補助、優良種苗購入補助、農業機械購入補助の四補助金で一、四〇六億元となっている（**表11・6**）。これは二〇〇八年の一、〇三〇億元と比較しても大幅な伸びであり、特に資材補助の伸びが著しい。これに加え、農林生態保護と畜牧良種補助金、農業災害保険補助金、大型ダム建設移転補助金、さらに電化製品購入補助金（購入額の一三％）が支出されるようになり、総額は二、〇〇〇億元を超えている（注21）。第二の柱は、農業現代化であり、水利を中心としたインフラ整備、技術開発と普及、農業主産県への投資、農林生態保護に対する補助基金の設立、農業災害予防からなり、総額は四、〇九〇億元となっている。第三の柱が農村社会事業に対する支出であり、二〇〇六年から進めている農村教育費の政府負担の全面化、新型農村合作医療制度の普及、新型農村社会養老保険の試行（二〇一一年開始）、文化事業（テレビの普及、農村映画、図書館など文化施設）および貧困地区対策である。この支出規模は四、三八二億元と最も大きくなっている。これに加え、第四の柱として農産物備蓄費用と利子補給をあわせ六二一億元が支出されている。以上を全国財政支出でみても、社会事業が一・六兆元で最も大きく、ついで農業生産拡充が一兆元、直接補助と備蓄関連が一、五〇〇億元弱で並んでいる。近年の動向をみても、社会事業の伸びの大きさが目立っている。

表 11·7　全国農業総合開発資金の動向

（単位：億元）

	年度	合　計	中央財政	地方財政	銀行融資	自己資金
	2000	197	68	57	12	60
	2001	207	71	59	18	58
	2002	237	76	62	26	74
	2003	238	87	63	20	68
	2004	257	86	58	21	91
	2005	307	102	63	26	116
	2006	337	110	74	24	129
	2007	363	121	80	24	138
	2008	393	132	91	22	148
	2009	452	166	98	26	163
	2010	510	195	114	16	184
分野別	土地改良	286	232		0	54
	産業化経営	159	29		25	105
	技術モデル	154	28		16	110
産業化経営	生産基地	102	1		62	32
	農産品加工	780	8		456	298
	流　通	48	0		26	21
	小　計	931	11		544	352

注：1）『中国財政年鑑』2011 より作成。
　　2）「産業化経営」欄は利子補給型の融資。

また、農業現代化と関連して、農業総合開発資金が位置づけられている（注22）。その内容は、食糧主産県への投資と土地改良がひとつの柱であり、もうひとつが先にも触れた農業産業化経営への支援である。これに農業技術モデルが加わる。この事業は一九八八年からと長い歴史を持ち、外国援助を含むという特徴がある。資金量は、二〇〇〇年の二〇〇億元から二〇一〇年には五一〇億元となっており、一〇年で二・五倍になっている（**表11・7**）。この五一〇億元の事業費のうち、中央政府財政の支出が一九五億元、地方政府が一一四億元であるが、自己資金が一八四億元と二〇〇〇年代中期から一定の割合を占めている。銀行融資の割合は一六億元と少ない。ただし、分野別にみると土地改良の分野では両政府の公共投資が圧倒的であるが、農業産業化経営と農業技術モデルの分野では政府投資は限定的であり、自己資金が多くを占めている。

数字は連続しないが、産業化経営の対象別の事業資金の源泉をみてみよう。まず、対象別では、農産品加工への投資が圧倒的であり七八〇億元、生産基地育成が一〇二億元、流通改善が四八億元となっている。この合計は九三一億元に上るが、銀行融資五四四億元、ついで自己資本の三五二億元であり、政府資金の役割は利子補給に特化している。こうした政策当局と銀行との合作により、一定の事業投資枠を確保している点にこれまでの行政投資との違いを見て取ることができる。

このように、中国の「社会主義新農村建設」はこれまでにない財政投入を伴った新たな農村開発政策といえるが、一方では農業産業化経営の促進や農民専業合作社育成などと密接な関連を持っており、多様な農村組織化政策に包含されるものである。それは、強力な政策支援を前提としているが、日本や韓国でみたように現代的課題である地域の自発性の発揮を今後必要とするであろう。かつて、費孝通が郷鎮企業による農村工業化や小城鎮建設で強調した「内発的発展」をいかにして実現するかがこれからの大きな課題となるのである（注23）。

5　おわりに

以上、日本―北海道―韓国―中国について、農業政策の展開のなかでの農村政策の背景や特徴を特徴をみてきた。そこでは、農村政策が先進国、途上国とは異なり、農業不況や危機に対応してひとつの手法として実行されてきた。ただし、日本においては、それが自治村落を媒介として推進しているという特殊性があり、アジアでの一般化が難しいことが明らかとなった。これに対し、日本の「内国植民地」である北海道や韓国、中国では、村落の構造が異なっており、生産力主義的な目標管理という機能的な手法により村落や地域の動員が図られている。

しかし、農家経済が一定の水準に到達した場合、こうした単一型の動員政策は効果を減退させることが想定される。むしろ、自営業としての農家の生産と生活の視点からその現代的課題を析出し、村落としての結集とリーダーの育成を図ることが求められているのである。

また、貿易自由化という外的要因や農家の担い手不足という内的な要因のもとで、農村の保全という国土計画的意図を含む、農村資源をベースとした新しい多角化経営の創出も求められている。所得対策を含む農村開発政策がEUを意識しながら展開し始めていることも近年の特徴と言えるであろう。

［付記］本章は第五回東北アジア地域合作発展国際フォーラム（二〇一二年六月、中国ハルビン）での招待講演、坂下明彦「東アジアにおける農村開発政策の展開と中国東北の課題」をもとに、坂下が日本・北海道、糸山健介が韓国、朴紅が中国について大幅に加筆したものである。

注

(1)編纂委員会［一九七九〜八一］、大鎌［二〇〇九］などを参照した。なお、森［二〇〇六］は農村支配秩序（名望家秩序）の再編の過程として、地方改良運動、農村振興運動、農村経済更生運動、皇国農村確立運動、農地改革、新農村建設計画を位置づけている。

(2)坂下［一九九一］を参照。

(3)坂下［二〇〇九］を参照。

(4)松本［一九九三］五ページ。

(5)二〇一一年に韓国の有機農業のメッカといわれる忠清南道洪城郡の調査を実施したが（坂下ほか［二〇一一］）、「農村マウル総合開発事業」が導入されている行政里のリーダーにセマウル指導者という名称が使用されていた。

(6)松本［一九九三］、崔［一九九七］、横田［二〇〇一］を参照。
(7)松本［一九九三］一五ページ。
(8)伊藤［二〇一三］では、全羅南道の島嶼部珍道の一農村の人類学的研究の中で、セマウル運動は日本植民地下の自主的農村振興運動と対比して、それが上位下達的であり、しかもセマウル指導者の機会主義的行動をもたらし、結果として都市志向型の農民行動をもたらしたとしている。松本［一九九三］にも同様の指摘がある。
(9)倉持［一九九四］二七四ページを参照。
(10)朴［二〇〇八］を参照。
(11)平場稲作地帯の規模拡大の実態についての実態とその矛盾については、われわれも調査を行っている（糸山ほか［二〇〇四］、糸山［二〇〇五］を参照）。後者では、マウルの共同組織の分析を行っている。
(12)以下、劉［二〇〇八］の紹介による。詳しくは金・姜［本書10章］を参照されたい。
(13)地区レベル、県レベルの市の存在により各レベルの階層は複雑であるが、詳しくは高屋［二〇〇六］を参照。
(14)村民委員会・村民小組は人民公社時代の生産大隊、生産隊に相当する。この性格については、われわれもその基礎構造を分析している（朴ほか［一九九九］、朴ほか［二〇〇六～二〇一二］）。
(15)「新農村建設」という用語は、中華民国時代の新農村建設運動に起源をもち、第一次五カ年計画時にも使用されている（座間［二〇一〇］）。
(16)坂下［二〇〇五］を参照。
(17)農業部『全国農村経済情況統計資料』一九九三・二〇〇三年、国家糧食局『中国糧食年鑑』二〇一〇年、経済管理出版社による。
(18)詳しくは田島［一九九六］を参照。
(19)表示していないが二〇〇三年の中央財政支出は二、一四四億元であり、二〇〇六年の三、五一七億元、二〇〇七年の四、三一八億元と増加テンポを速めている。
(20)朴ほか［二〇一〇］注9を参照。
(21)「中央財政「三農」投入安定増加　保障機能が徐々に形成され、改善される」『財政新聞』二〇一二年一〇月二五日

(22)高屋［二〇〇八］が二〇〇五年までの同事業を整理している。
(23)費［一九八八］および宇野ほか［一九九二］を参照。

【参考文献】

(1)編纂委員会『農林水産省百年史』（上・中・下巻）一九七九〜八一
(2)森武麿「両大戦と日本社会の再編」『歴史と経済』191号、二〇〇六
(3)大鎌邦雄編『日本とアジアの農業集落―組織と機能―』清文堂、二〇〇九
(4)坂下明彦『中農層形成の論理と形態―北海道的産業組合の形成基盤』御茶の水書房、一九九一
(5)岩崎徹・牛山敬二『北海道農業の地帯構成と構造変動』北海道大学出版会、二〇〇六
(6)坂下明彦編『地域農業の底力―農協の可能性を拓く支援システム』北海道協同組合通信社、二〇〇九
(7)松本武祝「一九七〇年代韓国農村におけるセマウル運動の展開過程」『商経論叢』28(4)、一九九三
(8)倉持和雄『現代韓国農業構造の変貌』御茶の水書房、一九九四
(9)崔吉城「セマウル運動と農村振興運動」『国立歴史民族博物館研究報告』70、一九九七
(10)横田伸子「韓国における開発体制とセマウル運動：一九七〇年代を中心に」『東亜経済研究』59(4)、二〇〇一
(11)糸山健介・坂下明彦・朴紅「韓国における大規模稲作農家の形成とその条件―全羅北道金提市を事例として―」『二〇〇四年度日本農業経済学会論文集』二〇〇四
(12)糸山健介「韓国平野部マウルの変遷と共同的結合―全羅北道金提市扶梁面龍骨マウルを事例として」『農経論叢』61集、二〇〇五
(13)朴珍道「農産物市場の開放と韓国農政の転換」原剛他編『グローバリゼーション下の東アジアの農業と農村』藤原書店、二〇〇八
(14)劉鶴烈「韓国農村の内発的発展への新たな動き」原剛他編『同上書』二〇〇八
(15)坂下明彦・朴紅・申錬鐵・禹暎均「プルム学校を基点とした有機農業の展開と農村協同組合―韓国忠清南道洪城郡の事例―」『農経論叢』第66集、二〇一一

(16)伊藤亜人『珍道—韓国農村社会の民族誌』弘文堂、二〇一三
(17)金庚亮・姜鍾原「先駆的な新農漁村建設運動の展開と特徴—江原道—」本書第10章
(18)費孝通、大里浩秋・並木頼寿訳『江南農村の工業化—「小城鎮」建設の記録 一九八三〜八四』研文出版、一九八八
(19)宇野重昭・朱通華編『農村地域の近代化と内発的発展論』国際書院、一九九一
(20)田島俊雄「九〇年代中国の税制・財政改革」『中国研究月報』50(9)、一九九六
(21)朴紅・坂下明彦『中国東北における家族経営の再生と農村組織化』御茶の水書房、一九九九
(22)坂下明彦「中国の農村経済組織の展開と竜頭企業による産地組織化」『農業・農協問題研究』第32号、二〇〇五
(23)高屋和子「中国の財政制度改革と政府階層再編」『立命館経済学』54巻6号、二〇〇六
(24)朴紅・坂下明彦「江村の追跡調査(1)(2)(3)(4)(5)(6)(7)」『農経論叢』62・63・65・67集、二〇〇六・二〇〇八・二〇一〇・二〇一一
(25)田島俊雄「「社会主義新農村建設」と中国の農業・農村問題」『中国研究月報』61(1)、二〇〇七
(26)高屋和子「中国の社会主義新農村建設—行財政改革の観点から—」『現代中国研究』22号、二〇〇八
(27)朴紅ほか「中国東北における高級ブランド米の産地形成と農民専業合作社の機能」『農経論叢』65集、二〇一〇
(28)座間紘一「中国における「社会主義新農村建設」と「農村総合改革」」『桜美林論考・桜美林エコノミックス』一、二〇一〇

終章　グローバル化と日韓地域農業の展望

谷本一志

1　グローバル化の進展と農政パラダイムの転換

一九九四年に始まった日韓農業シンポジウムの二〇年間は、グローバル化がいっそう進展し、日韓両国の農業を巡る環境がさらに厳しさを増した期間でもあった。

一九九五年に成立したWTO体制は、貿易自由化の推進を目的に、ドーハ・ラウンド（ドーハ開発アジェンダ）を二〇〇一年に開始したが、二〇〇八年一二月の再改訂議長案提示をもって事実上中断し、交渉が行き詰まっている。皮肉なことに、WTO交渉の停滞は新たなグローバル化の推進要因となった。WTO交渉に見切りをつけ、地域経済圏拡大や自由貿易協定（FTA）によって、自国の経済権益を確保する動きが加速している。一九九九年時点に三四件だったFTAの累積件数は、二〇〇四年には一一九件、二〇一二年七月現在では二二一件と急増している。

輸出依存度が高い韓国は、経済ブロック化の進行に強い危機感を抱く。二〇〇三年にFTAロードマップ

(FTA Road Map)を策定し、先進国・地域を対象に高いレベルのFTAを推進してきた。二〇一一年一一月にはEUとのFTAが暫定発効、二〇一二年三月には対米FTAが発効している。巨大先進経済圏とのFTA締結により、二〇一一年の貿易額（一兆八〇九億ドル）に占めるFTA比率は発効済み国・地域で三四%、交渉中まで含めると八一%に達している（注1）。日本は、FTAよりも幅広い分野を含む経済連携協定（EPA）を戦略的にすすめてきた。その着手は韓国よりも早かったが、重要品目への影響が小さいアジア諸国を中心としてきたため、貿易額（一兆六、七九六億ドル）中のFTA比率は発効済み一九%、交渉中まで含んでも四〇・三%と低い（注2）。

韓米FTA、韓EUFTAの発効は、成長が著しい韓国企業に世界市場での地位を脅かされている輸出産業を中心に、日本経済界の危機感を強めた。米・EUという巨大市場で、競争力低下を恐れる経済界の要請に応え、政府は実質的日米FTAである環太平洋パートナーシップ協定（TPP）交渉、日EUFTA交渉へと着手したのである。

また、前世紀末のほぼ同時期に日韓両国の農業政策が転換した。日本では一九九八年、食料の安定確保、多面的機能の発揮、農業の持続的発展、農村の振興という四つの理念を掲げる「食料・農業・農村基本法」が制定される。消費者と環境の重視は、同時にそれを理由とする農業保護政策の後退をもたらした。韓国では、二〇〇〇年の「農漁業・農業村ビジョン二〇二〇」において、政策対象を産業視点では農漁業から関連産業および生命産業へ拡張し、地域視点では地域に加えて景観、環境を取り込み、市民視点では生産者に消費者と環境保全を媒介としてつながる未来世代に広げる、パラダイム転換が行われた。政府の役割は、市場への直接関与・介入から間接関与・介入へと後退する。日韓両国の農政パラダイムの転換は、農業・農村に対する国民意識、社会的要請の変化を受けてのことでもあるが、ＷＴＯルールへの適合を目指したものでもある。

こうした状況下で、日韓農業の危機は深まった。日本の農業総産出額は一九九〇年の一一兆五千億円から、二〇〇五年の八兆五千億円と二六％減少した。韓国においても同様で、農家世帯と都市住民世帯の所得は、一九九〇年代まではほぼ均衡していたが、二〇〇〇年代に入ると両者の所得格差が拡大し、二〇〇七年には農家世帯の所得は都市住民世帯の所得の七五％水準に低下している。

一方で、食の安全、食料安全保障、農村の多面的機能などの面で、国内農業への期待が高まっている。両国農業が現在ある危機を乗り越えるためには、序章「立地条件に適合した地域化とグローバル化への対応」で提起したように、地域の特性を活かした地域農業の確立が、国内農業の存続、食料安全保障の観点から重要になっている。

本書の問題意識は、両国のグローバル化の本質を見極めた上で、地域農業確立への取り組みの中から、その展望を見いだすことにあった。その際に、われわれはグローバル化の現段階を論じた第1章、第2章を除き、同じ対象領域を取り上げて日韓比較を行うという手法をとらなかった。地域農業が現段階において直面している重要な課題領域、あるいは先進的な取り組みが展開している領域を、双方が独自に取り上げることで、両国の地域農業研究の知見を、互いに地域農業の発展に資するものとしたいとの意図からである。

2　グローバル化にさらされる日韓農業

電機・自動車などの工業製品を輸出する日韓両国と、米国やオーストラリアなどの農産物輸出大国とのＦＴ

Aは、農業分野の輸入拡大であり、国内農業への影響は大きい。第1章「韓米FTA締結にともなう江原道農業の長期戦略」は、韓米FTAの江原道農林畜水産業への影響と対応策を明らかにした。直接生産減少額は年間三二二億ウォン（減少率二・一％）、さらに間接減少額のうち農林畜水産業への波及効果が二八八～三九六億ウォンで、合わせて六一〇～七一八億ウォン、五％程度の農水産業の年間減少が予想される。既に対米FTAが発効している韓国では、地域農業存続の道は国際的、国内的な競争力強化しかない。韓国政府は二〇〇八年、一一九兆円のFTA対策費を決定しているが、地域農業の競争力強化に結びつけるために、輸出促進、人材養成、新たな付加価値創出のための研究開発への財政投資を提言した。

これに対して、第2章「TPPと北海道農業」は、対米FTAが締結されていない日本、特に北海道にとっては、TPP回避こそが地域農業存続の条件であることを明示した。TPPにはアメリカ、オーストラリア、ニュージーランド、カナダという、世界の主要農産物輸出国が居並ぶ。TPPに参加した場合、差別化の困難な加工品の原料農畜産物の生産量減少率は大きく、砂糖、でん粉、バター・チーズ・脱脂粉乳一〇〇％、小麦九九％、三等級以下の牛肉九〇％、小豆七〇％と見込まれる。これら原料農畜産物の比重が高い北海道農業では、農業生産額減少額は四八％に相当する四三九一億円と推定されるからである。

3　地域農業を支える新たな担い手の創造

日韓両国とも、地域農業を支える担い手の確保が課題となっている。担い手の確保には諸活動の維持に必要な担い手数を確保する量的な側面と、環境に適応した地域農業の展開を支える革新的な経営行動をとる担い手という質的な側面がある。

担い手の質的側面、経営転換の方向性を論じたのが、第3章「江原道における先進農家の経営革新」と第5章「韓国における親環境型畜産の実践と課題」である。第3章は自由化が先行し競争力強化が求められている韓国での、経営革新のあり方を展望した。韓国では自由化と流通構造変化という内外環境の変化の一方で、規模拡大、新技術導入、交通・通信手段の発達で生産構造も変化している。こうした変化を生かす経営革新の方向性として伝統的商品から機能性商品への転換、高品質化による差別化の二つを事例分析から示している。

第5章では、家畜ふん尿の管理問題に焦点を当て、環境調和型農業のあり方を論じた。環境問題が農政の主要課題となった現在、家畜ふん尿の適正で効率的な処理と利用は、日韓の畜産経営がともに直面する課題である。韓国では「家畜ふん尿共同化事業所」への財政支援を行っているが、その多くは赤字となっている。この状況は、日本の共同ふん尿処理場でも同じである。こうした問題状況に対して、資源循環的概念、安全な食品概念、生態・環境・福祉・文化の複合的概念を持つ、複合産業としての未来型親環境畜産への転換を展望するとともに、家畜ふん尿肥料を化成肥料の代替効果で評価するのではなく、ミネラル成分や肥料としての安全性で評価することで、市場価値を高めることを提起している。

経営転換の方向は地域の農業形態、直面する課題によって異なるため、この二つの章だけで議論が尽くせるものではない。しかし、韓国農業の転換方向として示された、経営革新、畜産経営の展望は、その類似性から、日本農業の課題解決に示唆するところが大きい。

担い手確保の量的問題を取り上げたのが、第4章「北海道における新規参入支援の現段階」である。後継者を農村内部で確保することが困難な状況にあって、日本では新規参入、韓国では帰農として（注3）、農村外部からの農業参入促進が課題となっている。第4章では、全国、北海道レベルの一律の参入支援策の効果は薄く、地域ごと農業形態ごとの有形資産の大きさ、無形資産の定型性・無形性、という特性に応じた参入支援が効果的であることを明らかにした。また、農協、自治体・農協などが設立した地域農業振興公社、農家グループなど、新規参入支援主体の存在は、担い手確保のための新たな主体が必要であることを示した。日本国内のみでなく、韓国で進められている帰農促進に有効な示唆を与えるものである。

4　農村活性化への取り組みと展望

農業所得が縮小する現状においては、地域人口を維持するための地域経済規模の維持という視点からも、高付加価値化、多角化による所得拡大が課題となっている。

経営多角化、農村活性化方策として、両国で早くから展開が見られるものに、グリーンツーリズムがある。第6章「グリーンツーリズムと農村活性化」は、中高生の修学旅行を受け入れる、新たな展開を取り上げた。北海道観光は団体観光が多いが、受け入れ可能人数が少ないファームインや農家の体験学習は、団体観光に対応できず集客に限界がある。この限界を克服するために、ファームインや農業体験受け入れ農家がネットワークを形成し、修学旅行団体を受け入れる取り組みが複数生まれている。修学旅行生をターゲットにした狙いは、農業の教育力の内部化とともに、農業への理解度を高め、将来の農業の応援団をつくることでもある。

第7章「農商工融合型ビジネスモデルの推進」、第8章「農業の六次産業化と地域ブランド形成の課題」、第9章「コミュニティビジネスによる農村再建」は、農村の新たな付加価値形成の課題を取り上げた。

農業内部の主体には不足している高付加価値生産に必要な資源を、農業外部の主体との融合・連携で充足する仕組みとして、農商工連携（韓国では農商工融合）が注目されている。第7章は韓国の農商工融合について、融合の主体が大企業と行政機関が中心で、住民参加が限定的であり、地域内経済循環の重要な役割を果たせていないと、課題を指摘する。その上で、農商工連携の発展方策として、農業者の役割強化、農商工各主体の協力システム構築、地産地消型の地域フードシステムの活性化、新ビジネスの創出、農村開発方策としての促進、の五点を提示した。

日本では農商工連携とともに、農業者の加工・流通事業への取り組みも含む、農業・農村の六次産業化が推進されている。第8章では、地域ブランド形成という視点から、六次産業化の課題を論じた。まず、広域流通におけるブランド化について、北海道米を対象にホクレン（連合会）が展開する北海道米全体のブランド化戦略を基盤に、地域の個性を生かした地域ブランドや高級米ブランド形が展開していることを示した。地域市場における地産地消型のブランド化については、地域の工業者、商業者との信頼関係の構築と適切な役割分担が、地域総体の利益の拡大につながることを明らかにした。

農業・農村の所得拡大方策における、地域主体の参加、融合・連携のあり方に関わって注目されるのが、コミュニティビジネスである。第9章は、就業機会（職場創出）には、生活共同体中心のコミュニティビジネスが適合的であること、事業の発展に伴う複数事業化、事業分化にはネットワーク形成が必要であること、地域への問題意識から出発し地域個性を反映するOnly One戦略が有効であることを、事例から析出した。

各章から明らかなように、農業・農村の高付加価値化には、個としての展開ではなく、地域内の多くの主体による連携、場合によっては地域を越えるネットワーク化が有効である。川下（農業）あるいは川上（加工・流通）から川上、川下への単純な進出は、既存の利益の統合・奪い合いに過ぎず、地域総体の所得拡大、就業機会（職場）創出にはつながらない。地域内の農商工、多様な主体の参加と役割分担によって、新ビジネスを創出することが地域の展望につながる。もちろん、その取り組みを支えるのは、地域の個性を自ら価値化しようとする地域住民である。そうした人材をどう育成するかが重要な課題として提起された。

5　農村開発の歴史的意義

以上のように、農業生産の増大、個別農業経営体の育成だけで、地域農業の発展を展望することは限界に達しており、農村総体を対象とした高付加価値化、多角化という活性化方策が必要になっている。こうした視角から、第10章「先駆的な新農漁村建設運動の展開と特徴」と第11章「東アジアにおける農村開発政策の展開と課題」では、農村開発の歴史的意義を論じている。

第10章は、ＩＭＦ危機後の沈滞した農村に活力与える運動として、一九九八年から江原道が取り組んだ新農漁村建設運動の展開と到達点を明らかにした。新農漁村建設運動は住民の積極参加を促すために、「実事求是」・「自力更生」・「自律競争」の二つの理念を提案し、一村当たり五億ウォンを投じて精神、所得、環境の三分野の運動を推進した。資金投資の効果や自己管理の不足などの課題が指摘されるものの、この運動は一九八〇年代末からの民主化による自治体強化が、地域農業政策として結実した先行事例であり、二〇〇四年からの農業・農村総合対策のモデルとなったという点で画期的であった。

第11章は、世界的、歴史的視点から東アジアにおける農村開発を論じた。日本の農村政策は東アジアでも特異な性格を持つ自治村落を前提とするものであり、東アジアでの普遍性に乏しい。一方、「内国植民地」として開発された北海道の農村は農家の流動性が高く、戦前に農村政策推進のために組織された、基礎単位の農事実行組合と上部組織の産業組合（農協）という村落構造を持つ。この上に、戦後の農業近代化政策が推進され効果を発揮した。

韓国では一九七〇年代に農協組織の邑面レベルへの統合が行われ、セマウル運動が展開される。セマウル運動は、村落ぐるみで農家を動員する目標管理型政策であった。一九九〇年代の市場開放に対応した構造調整政策は農業近代化、経営規模拡大を実現した一方で負債問題を生みだし、一九九〇年代末のＩＭＦ危機の下でＷＴＯ対策として親環境政策が打ち出されるなど多角化経営への動きが加速した。こうした中で、ボトムアップ型の江原道新農漁村建設運動が登場してくる。

他方、中国では計画経済期に、都市と分断された農村は工業化のための蓄積、都市への糧食供給のために動員された。この二元的経済構造を前提とした市場経済への転換によって、都市と農村の所得格差が顕在化することになる。「三農問題」対策として提起された新社会主義農村建設は、財政投入を伴った農村開発政策であるが、同時に農業産業化経営や農民専業合作社の育成などと密接な関連を持ち、地域の自発性の発揮を必要としている。

このように日本の中でも「内国植民地」である北海道と韓国、そして中国の村落構造では、生産力的な目標管理という機能的手法により村落や地域を動員する農村政策が可能であった。しかし、近年のグローバル化と担い手の脆弱化という農業・農村の危機の中で、農村資源を基盤とした新たな多角化の創出という、主体的・内発的な農村開発が必要とされ、そして展開しはじめているという共通性がある。

6　日韓地域農業の展望

グローバル化と農政転換、担い手の減少と脆弱化という共通の内外要因によって、日韓の地域農業はEUのように、農村開発に展望を見いだそうとしているようにみえる。

しかし、日韓はEUを意識しつつも、独自展開の道を探る必要がある。EUは農畜産物の過剰問題解決のために、相対的に高い国際競争力を持つ農業経営の存在を前提に、農業生産への政策支援を縮小し、政策予算を農村開発へ振り分けてきた。食料輸入国である日韓両国の農業は、グローバル化のなかにあっても食料生産を維持する責務があり、そのため担い手の確保・育成と競争力強化という課題を内包するからである。両国の地域農業の維持・発展には、この課題へ取り組む主体の育成と、グローバル化の影響を緩和する緩衝政策によって、主体がエネルギーを発揮できる環境確保が必要なことを、まず指摘しておきたい。

韓国と北海道の農村開発は、地域が政策受容体から自発的な行動主体に転換するという歴史的意義を有している。この転換の実現には、多くの住民および経済主体が地域への問題意識を持ち、個ではなく連携、争奪ではなく共存の意識で参加する運動的側面と、多角化、新事業創出で所得拡大、雇用創出を実現する経済的側面とを両輪とする取り組みが重要となる。その萌芽は日韓両国の各地に現れている。

韓国は、日本も経験しなかったほど急激な工業化・都市化をともないつつ、短期間に圧縮した経済成長を成し遂げた。そこでは、農村部を立て直すのが困難なほどに、青壮年はドラスティックに都市部へ雇用吸収されていく。その吸引力はすざましく、テンポも日本を大きく超えるものであった。若者は農村部には定住できず、残された農業従事者も加速度的に高齢化していく。農村部の労働市場はきわめて狭隘であり、就業機会も乏しく通勤兼業を選択する余地もない。そのため、専業的農業が展開することにならざるを得ない。その点でも、韓国と北海道は酷似する。今日、耕種部門では高齢農家や零細農家から借地集積するか作業受託した大規模経営層が各地に出現しつつあり、さらなる担い手の参入も期待されている。

一方、北海道は府県とは異なり、在村兼業がきわめて困難であり農業専業か、さもなくば離農して他出するかの二者択一に迫られてきた。そこには、挙家離農とその跡地を兼併して規模拡大する残存農家の存在がある。今後もこれまでと同様に、既存農家による規模拡大路線のみの歩みを続けるならば、結末は果てしない超大規模の経営群、追加投資による負債累積の連続、限りない戸数減少のスパイラルでしかない。多くは家族経営であることから、経営規模拡大にともなう労働力的な限界にもすでに直面している。

既存農家による規模拡大だけを志向すれば、北海道はオール大規模層だけで構成される超過疎社会に陥らざるをえない。担い手の新規参入・後継者育成に向けた新たな仕組みづくりも含めて、多様な経営サイズ・ビジネスサイズが共存共栄できるように、人材育成と担い手補充、頭数確保を目指して、いま、ふところ深い農村空間の建設に向けた努力が求められている。それもまた、克服すべき双方共通の課題である。

最後に、経営革新、農村開発の先に、消費者との連携、国民合意を形成できるかが、地域農業の確立を左右しよう。高付加価値化や新事業の創出は、かつての生産力一辺倒ではなく、消費者のニーズを前提に展開している。地産地消や安全・安心な食品による差別化、多面的機能を生かしたツーリズムや食農教育などである。しかし、それが農業者や農村の利益獲得のみにとらわれたものであれば、いずれは国外との競争に巻き込まれ、農村外部の主体に主導権を奪われることになる。

本書で取り上げた事例にみられるように、消費者・国民が求める価値を、それぞれの地域の個性を生かして提供することで、消費者・国民の共感と支持を獲得することが、グローバル化のなかで地域農業を存続させることにつながるはずである。この二〇年間、日韓農業シンポジウムを重ねつつ、共通性の高い韓国と北海道の研究者同志はそこでの成果を共有化してきた。現在、直面するＦＴＡやＴＰＰを巡る交渉問題を超えて、今後さらに両国農業を発展させ、新たな方向性を見定め共通課題を克服していくためにも、これまでの研究成果を内外に発信していく意義はきわめて大きい。

注

（１）経済産業省編『二〇一二年度通商白書』。
（２）経済産業省編『同書』。
（３）鄭龍暻［二〇一二］を参照。

【参考文献】

（１）渡辺利夫『現代韓国経済分析』勁草書房、一九八二
（２）深川博史『市場開放下の韓国農業』九州大学出版会、二〇〇二
（３）岩崎徹・牛山敬二編著『北海道農業の地帯構成と構造変動』北海道大学出版会、二〇〇六
（４）奥田聡「韓国」東茂樹編『ＦＴＡの政治経済学』アジア経済研究所、二〇〇七
（５）倉持和雄「不確実性のなかの韓国農業」環日本海経済研究所編『韓国経済の現代的課題』日本評論社、二〇一〇
（６）柳京熙・吉田成雄編『韓国のＦＴＡ戦略と日本農業への示唆』筑波書房、二〇一一
（７）李炳旿「韓国におけるＦＴＡの締結と農業部門の対応戦略」『北海道農業』第39号、北海道農業研究会、二〇一二
（８）鄭龍暻「韓国における帰農・帰村の動向と政策支援」第一九回日韓農業シンポジウム栗山シンポジウム報告、二〇一二

記録　日韓農業シンポジウムのあゆみ

高　鐘秦・松木靖

第一回日韓農業シンポジウムは一九九四年に開催された。以降、韓国江原道と日本北海道で交互開催として続けられ、本年の開催で二〇回の節目を迎える。日韓両国の農業経済研究者の共同シンポジウムとしては、先駆的な取り組みであると同時に、その継続性においても他に類をみないものである。この二〇年間、シンポジウムでは日韓の地域農業が直面する課題と、それへの対応が議論されてきた。

以下は、シンポジウムを核とする学術交流の記録である。なお、所属および肩書きは当時のものである。

1　日韓農業シンポジウム開催の契機

日韓地域農業のシンポジウムが開始された背景には、農産物市場の開放（当時はガット・ウルグアイラウンド問題）という両国が直面する共通課題のもとで、北海道・江原道という地域農業に根ざした議論を行おうという目的があった。

北海道大学と江原大学との学術交流は、江原大学から北大に留学していた李榮吉氏が日韓の比較研究という視角から地域農業と農協の役割を課題に、地元の農業と農協の調査を実施したことから具体化した。一九九三年のことであり、春川市新北面泉田里を対象に三〇戸の農家調査が実施された。これには河瑞鉉教授の高校時代の同期である李仲浩里長の尽力があった。北海道大学からは黒河功教授、坂下明彦助教授などが参加し、江原大学スタッフの全面的な協力のもとで行われた。

この過程で、河瑞鉉教授と黒河功教授の間で継続的な議論を行う場を設けようということになり、持ち帰って検討した結果、大学間の交流を超えた幅広い研究者間の交流を目指すこととなり、北海道農業研究会と江原道農漁村研究所とが主体になり、日韓の交互開催とすることが決定された。そして、一九九四年に第一回シンポジウムが札幌市の北海道大学で開催される運びとなった。翌九五年には春川市の江原大学で第二回シンポジウムが開催され、以来毎年継続されてきた。

また、二〇〇七年開催の第一四回シンポジウムからは、江原大学李炳昨教授の提案で、中国東北地方の大学等の研究者を加え、日韓中三カ国の国際シンポジウムとなっており、着実にその輪は拡大している。

ちなみに、日本と韓国の農業経済学会による「日韓シンポ」は二〇〇二年からの開催であり、われわれの地域間の取り組みは非常に先駆的であったことがわかる。

2 日韓農業シンポジウムのあゆみ

シンポジウムは年度別テーマを、その時々の国際的なイシューと、日韓両国が内包している地域農業の課題を踏まえて設定してきた。その一覧は付表に示すとおりである。二〇一二年開催の第一九回シンポジウムは、二〇周年プレシンポジウムとして開催されたため、二〇一一年の第一八回シンポジウムまでを振り返ることとしよう。

(1) ポスト・ウルグアイラウンド対応―第一回から第七回―

前述のように、シンポジウム開催の背景には、農産物市場の開放という両国共通の課題があった。第一回シンポジウムのテーマは、「ポスト・ウルグアイラウンドにおける日韓酪農業の展開方向」である。

以降、第七回までの日本開催ではシンポジウムテーマに「WTO体制下」というキーワードが冠されているように、ガット・ウルグアイラウンド合意とその後のWTO体制への移行が農業へ及ぼす影響と対応方向が議論された。この議論は、日本で農業基本法の改定が議論されていた一九九八年の第五回シンポジウム「WTO体制下の農政改革」の議論を経て、二〇〇〇年の第七回シンポジウムにおいて八分野にわたる韓国側研究者からの問題提起に日本側の研究者がそれに応える形で議論を行い、一応の区切りをみた。

他方、韓国開催では、第二回にウルグアイラウンド対応をテーマとした「開放化・地方化時代に対応する地域農業活性化」が議論されたが、以降の第四回、第六回は地域活性化にテーマの主軸をおき、開催している。これも、WTO体制と無縁な主題設定ではない。第二回シンポジウムで、李貞換氏(KREI)は次のように指摘している。「ウルグアイラウンドの影響は地域的相違を有し、加えて中央政府の競争力向上支援政策によって、地域間格差が増幅する可能性がある。格差が増幅する地域は、山間などの条件不利地域と農業生産活動に制限が加えられる環境保全地域である」。江原道はウルグアイラウンドの影響が大きい条件不利地域および環境保全地域を多く抱える。そうした地域の活性化方策を通して、WTO体制下の日韓地域農業の方向性が議論されたのである。

その後、WTOドーハラウンド交渉が難航する中で、FTAが貿易自由化の主要手段として推進されるようになった。第一二回シンポジウムでは日韓FTAをテーマに、市場開放の新たな潮流が地域農業に与えるインパクトと、日韓両国農業の連携の可能性が議論された。また、第一九回シンポジウムでは、李炳昨教授による記念講演「北海道・韓国・中国東北農業の連携と発展方向」が行われている。

(2) グローバル化時代の食料・農業・農村問題―第八回から第一八回―

韓国側開催では第八回を最後にメインシンポジウムの会場が江原道の道都、春川市から地方の市・郡へと移された。それとともに、開催地の農業・農村の実情、課題に即したテーマが設定されるようになった。

地方開催のスタートとなった第一〇回は、韓国内でも代表的な高冷地野菜産地である旌善郡で開催され、「高冷地農業・農村の持続的な発展戦略」をテーマに産地形成、グリーンツーリズムが議論された。第一二回は「日韓FTAと農産物交易活性化の方策」をテーマとして、日韓間の農産品貿易問題を取り上げた。開催地の麟蹄郡が地域農業振興策として展開している輸出農作物団地育成による対日輸出に焦点をあてたものであった。鉄原郡開催の第一八回は、水田農業地帯である同郡農業の特性にあわせ、「米産業を中心にした地域農業活性化戦略」をテーマとした。

北海道夕張市をモデルに、観光開発による炭鉱閉山後の地域振興策を講じている太白市で開催された第一四回、および首都ソウルから一時間ほどの立地と平和ダムなどの観光資源を活かして観光産業の基幹産業化を進めている華川郡で開催された第一六回は、観光振興およびグリーンツーリズムがテーマとなった。こうした展開はそれ

付表　日韓農業シンポジウム開催一覧

年	回数*	シンポジウムテーマ	開催地	備考
1994	第 1 回	ポスト・ウルグアイラウンドにおける日韓酪農業の展開方向	日本：札幌市	
1995	第 2 回	開放化・地方化時代に対応する地域農業の活性化戦略	韓国：春川市・東草市	
1996	第 3 回	WTO 体制下の日韓の地域農業振興の課題	日本：札幌市、厚沢部町	
1997	第 4 回	中山間地域における地域経済活性化のための諸方策	韓国：春川市・原州市	
1998	第 5 回	WTO 体制下の農政改革	日本：札幌市・洞爺村	
1999	第 6 回	中山間地域農業の活性化戦略	韓国：春川市・楊口郡	
2000	第 7 回	WTO 体制下の日韓農業の再編方向－韓国からの問題提起を受けて－	日本：札幌市・栗山町	
2001	第 8 回	農産物の産地流通化戦略	韓国：春川市・楊口郡	江原大学校・北大農学部交流協定
2002	プレ第 9 回	韓国農業の構造変動	日本：札幌市	日韓農業経済学会共同シンポジウム「WTO 体制下の日韓農業の進路」（東京）開催
	第 9 回	日韓における農業ビジネスの現状（ミニシンポジウム）	日本：札幌市・平取町	
2003	第 10 回	高冷地農業・農村の持続的な発展戦略	韓国：旌善郡	
2004	第 11 回	食の安全性を巡る日韓の現状と課題	日本：札幌市・仁木町	
2005	第 12 回	日韓 FTA と農産物交易活性化の方策	韓国：麟蹄郡	
2006	第 13 回	日韓における農村開発の新展開	日本：札幌市・富良野市	
2007	第 14 回（第 1 回）	高原観光と地域活性化	韓国：太白市	中国が参加し、国際シンポジウムに
2008	第 15 回（第 2 回）	農協ルネッサンスと東アジア農業	日本：札幌市・長沼町	
2009	第 16 回（第 3 回）	農村開発を通じた中山間地域の活性化	韓国：華川郡	
2010	第 17 回（第 4 回）	東アジア農業における 6 次産業化の意義と展望	日本：札幌市・江別市	若手研修者セッション開始
2011	第 18 回（第 5 回）	米産業を中心にした地域農業活性化戦略	韓国：鉄原郡	
2012	第 19 回（第 6 回）	日韓シンポの回顧と展望	日本：札幌市・栗山町	
2013	第 20 回（第 7 回）	地域農業の挑戦と課題	韓国：春川市	

注：1）＊（　　）は日韓中国際シンポジウムの回数
　　2）各回の内容は北海道農業研究会 Face book サイト
　　（https://ja-jp.facebook.com/hokunouken）を参照されたい

までに積み上げてきた地域活性化の議論を、地域ごとの具体策として掘り下げようとする試みであった。

一方、日本開催のシンポジウムでは、参加国に共通する時々の重要課題をテーマとして取り上げてきた。二〇〇四年の第一一回は食品安全問題をテーマとしてきた。日本では二〇〇一年にBSE（牛海綿状脳症）の国内発症が確認され、二〇〇三年に食品安全基本法が制定された。同年、米国でもBSE発症牛が確認されたが、韓国では二〇〇一年の牛肉輸入自由化以降、米国産牛肉輸入が拡大しており、食品安全は大きな社会問題となっていた。

第一三回は農村開発、第一七回は農業・農村の六次産業化をテーマとして取り上げた。WTO体制の下で、生産刺激的な農業保護が後退し、安価な食品の輸入が増加する環境においては、農業所得の縮小は必然である。新たな所得源の創出、付加価値形成による所得確保と農業・農村およびその多面的機能の維持には、農村開発が必要となる。韓国で開催された第一四回、第一六回の主題、グリーンツーリズムも同じ文脈にある。

第一五回は「農協ルネッサンス」として、テーマとして農協を取り上げ、台湾の研究者も招聘した。経済のグローバル化が進展する中での各国・地域の農協の改革方向が、市場原理への追随なのか、地域に根ざした協同組合という原点への回帰なのかが議論された。

なお、二〇〇二年の第九回は東京での日韓農業経済学会共同シンポジウムと連動して開催された。六月に札幌でプレシンポジウムを開催し、八月の日韓シンポジウムは東京シンポジウムに引き続く形でエクスカーションを主体とし、札幌ではミニシンポジウムを開催した。

以上のように、第八回以降のシンポジウムでは、WTO体制下のグローバル化と市場開放の進展がもたらした格差拡大の一方の極におかれた農業・農村の活路とその主体の具体像を見いだすための議論が重ねられてきたのであった。

なお、二〇一〇年第一七回シンポジウムからは、シンポジウム後に博士研究員、大学院生が報告者となる若手研究者セッションが実施されている。

（3）地域シンポジウムの開催

日韓農業シンポジウムは、日韓両国研究者が相互に相手国の地域農業の実態を理解できるように、地域シンポジウムを重視してきた。

日本での開催においては、メインのシンポジウムは北海道大学で実施し、あわせて主要町村で地域シンポジウムまたはエクスカーションを開催してきた。地域シンポジウム・エクスカーションを開催した市町村は、厚沢部町（第三回）、洞爺村（第五回）、栗山町（第七、一九回）、平取町（第九回）、仁木町（第一一回）、富良野市（第一三回）、長沼町（第一五回）、江別市（第一七回）である。

韓国では当初の四回（第二～八回）は江原大学がある春川市でシンポジウムを開催し、エクスカーションおよび地域シンポジウムが束草市（第二回）、原州市（第四回）、楊口郡（第六回・第八回）で行われている。第一〇回以降はメインシンポジウム会場ごと、地方の市郡地域に会場を移して開催してきた。メインシンポジウムを開催した地域は、旌善郡（第一〇回）、麟蹄郡（第一二回）、太白市（第一四回）、華川郡（第一六回）、鉄原郡（第一八回）である。第二〇回シンポジウムは記念大会として、春川市で開催される。

3　シンポジウムと関連した学術交流

日韓シンポジウムに関連して、研究者・大学間の学術交流が進展したことも、シンポジウム二〇年間の大きな成果である。

(1) 日韓共同調査

日韓シンポジウム開催のきっかけが、北海道大学と江原大学との共同調査であったことは、前述のとおりである。その後も、構成メンバーによる共同調査が大きく三つのテーマで実施されている。

①都市近郊農村調査

一九九五年には坂下明彦助教授が江原大学に二カ月滞在し、一九九三年に李榮吉氏（現江原開発研究院）が博士論文で調査した、春川市新北面泉田里で追跡調査を実施した。その成果は、第三回シンポジウムで報告されている。さらに、また、二〇〇二年から〇三年にかけて第一回の調査から一〇年後の変化を追う追跡調査も高鍾泰教授、李榮吉氏との共同研究として、実施している。これに関しては、二〇一三年に二〇年後の追跡調査を予定している。

②対日輸出団地調査

第一二回の麟蹄郡でのシンポジウムでは、事前に日本側から坂下明彦教授・朴紅准教授・糸山健介氏が麟蹄郡に赴き、対日輸出団地の農家調査を実施し、韓国側の高鍾泰教授・李栄吉氏と共同報告を行った。

翌二〇〇六年には前年調査農家の補足調査に加え、高城郡対日輸出団地の共同調査を実施した。参加者は韓国側が高鍾泰教授・李栄吉博士、日本側が黒河功教授・坂下明彦教授・朴紅准教授・糸山健介氏、大鎌邦雄教授(東北大学)、松木靖准教授である。この調査の成果に基づき、韓国では麟蹄郡の農業振興計画の一部を執筆し、日本では北海道農業研究会の会誌に調査報告を掲載した。

これに先駆けて、日本側の中国青島の日本向け野菜輸出基地の調査(二〇〇一年)に高鍾泰教授が参加し、初の中国共同調査となった。

③高原野菜の生産・流通調査

キムチ原料として高い評価を得ている高原野菜産地である麟蹄郡(第一二回)、太白市(第一四回)でのシンポジウム開催を受けて、高原野菜の生産・流通に関する共同調査が、二〇〇七年から二〇一〇年の四回にわたり実施された。参加者は韓国側が禹暎均教授、高鍾泰教授および江原大学の大学院生、日本側が坂下明彦教授・朴紅准教授・松木靖准教授である。その成果は、「韓国における高原野菜産地の特徴」として、北海道農業経済学会第一一七回例会(二〇〇九年)で報告されている。

(2)統計分析による日韓比較研究

李炳旿教授と米内山昭和教授の両氏は、シンポジウムを契機に統計分析による日韓比較分析という共同研究を行った。その成果は、以下の三論文である。

李炳旿・米内山昭和「韓国事情の統計的アプローチ―日本との比較―」（北海道農業研究会『北海道農業』No.26、二〇〇〇）、同「自由化段階における韓牛の生産費分析」（北海学園北見大学開発政策研究所『開発政策研究』Vol.4、二〇〇〇）、同「韓国における酪農構造と生乳生産費の統計的分析」（北海道農業研究会『北海道農業』No.31、二〇〇四）。

三論文のうち、第一論文では、一九九〇年代後半の日韓農業を取り巻く環境与件と農業事情の整理を行い、日韓の類似性、相違性を明らかにしている。その範囲は人口、労働力、経済成長、農林漁業、工業、貿易・金融、社会・生活と幅広い。本論文は続く第二論文、第三論文の前提整理としての役割を担うものでもある。

第二論文、第三論文は、経済成長により消費拡大が見込まれる成長分野でありながら、自由化によって厳しい競争にさらされるであろう肉牛、酪農を対象にコスト構造の比較分析を行っている。

（3）江原大学校と北海道大学の交流

シンポジウムの学術交流を基盤に、北海道大学と江原大学との交流も活発になっている。二〇〇一年には江原大学校と北大農学部との交流協定が締結された。

交流協定にもとづき、江原大学校の高錘泰教授が二〇〇八年に北海道大学に客員教授として滞在した他、二〇〇五年からは江原大学の学部学生が一年間の留学（特別聴講生）を継続的に実施している。一時期途絶えていた江原大学から北海道大学への大学院生の留学も復活しつつあり、現在四名が在籍している。北海道大学から江原大学への院生留学生も二名の実績があり、今後も活発な交流が期待されている。

あとがき

年に一度の再会。彦星と織姫ほどにはロマンチックではないが、北海道と江原道の農業経済研究者が隔年で相互訪問する日韓農業シンポジウムを続けて二〇年になる。ジンポジウム事務局を務める者としてこの二〇年間を振り返るとき、よく続けてこられたものだというのが正直な感想である。

シンポジウムは相互の招聘方式をとっているため、滞在費用はホスト国側が負担してきた。そのために、ホスト側となる日本開催年には、事務局は金策に頭を悩ますこととなる。韓国側は開催地の地方自治体から手厚い支援を得られているようだが、日本では昨今の地方財政の厳しさから望むべくもなく、北海道農業研究会（北農研）のシンポジウム事務局を中心とする会員の手弁当方式となる。日本側主催者である北農研と北海道地域農業研究所からの拠出では賄えず、北農研会員に奉加帳を回すことになるのだが、結局は不足分を事務局メンバーがポケットマネーで相当の穴埋めをしてきた。

ゲストとなる韓国開催年には、訪問団員・報告者の確保に苦労した。シンポジウムの行程はハードである。当初は四泊五日だったが、費用負担や日韓の大学暦の違いから日程確保が難しくなり、現在は三泊四日で実施している。移動日二日、シンポジウム一日、エクスカーション一日という日程である。観光的要素はない。加えて、仁川空港（当初は金浦空港）から送迎バスでの現地直行である。航空ダイヤの関係から現地到着が真夜中になり、現地発は早朝四時という行程となったこともある。このハードさから参加者集めに苦労し、事務局で報告を担当したこともあった。

それでもシンポジウムを続けてこられたのは、日本人観光客は誰も訪れないであろう江原道農村を訪れる魅力があったからである。日本では見られない山頂まで広がる高冷地野菜畑、岩が散在する山肌を重機で耕す白菜栽培。こうした光景に韓国農業への興味と学術的関心がかき立てられた。地元の農産物による素朴なもてなしを受けながらの、農家との交流には心が温められた。

そして韓国の友人たちとの交流である。参加を重ねる度に江原道の研究者との交流が深まり、多くの友人との語らいが訪問の楽しみとなった。また、江原道の研究者だけでなく、北海道大学に留学していた研究者との再開の楽しみもあった。年に一度の友人との再会がシンポジウム継続の最大の原動力であったのかもしれない。

さて、二〇一一年八月の第一九回日韓農業シンポジウムの際に、李炳旿教授から手渡された一枚の企画書から、本書の出版がスタートした。韓国では一〇周年の際にも記念出版が行われている。その際にも、やはり李教授から日本でも同様の企画をと進められたのだが、諸般の事情（主に事務局の力量と資金問題）から、見送った経緯があった。今回は二〇年間の記録を残す意味でも、日本側の研究者も執筆に参加して一年後に日韓同時出版というはこびになった。

当初の思惑通りに物事は運ばないのが世の習い。韓国語原稿の翻訳、出版費用の捻出に苦労することとなる。翻訳では中錬鐵君をはじめとする北海道大学大学院留学生にお世話になった。出版費用では北海道地域農業研究所から助成を頂いた。また、筑波書房代表取締役鶴見治彦氏には、タイトな日程での出版を快諾いただいた。記して、感謝する次第である。

なお、韓国版は江原日報社から刊行される。

最後に、シンポジウム二〇年周年を見ることなく、冥界に旅立たれた方々のことを記したい。元北海学園北見大学商学部長の米内山昭和教授は北海道畜産経営研究の第一人者として、日韓共同研究をリードした。楊口郡守であった任慶純氏は官学連携で地域農業確立に尽力された。地域シンポジウムの開催を二度も引き受けてくださり、日本開催シンポジウムにも度々参加されるなど、シンポジウムの物心両面での支援者であった。北海道大学に留学、学位を取得された江原大学の申海植教授は北海道研究者の良き友人として、交流の要であったが、退任を目前に逝去された。御三人のシンポジウムへの貢献に改めて感謝するとともに、本書を捧げたい。

（松木　靖）

執筆者一覧（執筆順）

坂下明彦（北海道大学）編者・第11章
李　炳旿（江原大学）編者・第7章
河　瑞鉉（江原大学）序章
金　鍾燮（江原大学）第1章
姜　鍾原（江原発展研究院）第1章
東山　寛（北海道大学）第2章
入江千晴（北海道地域農業研究所）第2章
黒河　功（北海道地域農業研究所）第2章
高　鐘泰（江原大学・江原道農漁村研究所長）第3章・記録
李　鍾寅（江原大学）第3章
柳村俊介（北海道大学）第4章
山内庸平（きたみらい農協）第4章
棚橋知春（北海道大学大学院）第4章
金　東均（尚志大学）第5章
李　明圭（尚志大学）第5章
松木　靖（北海道武蔵女子短期大学・日韓シンポ事務局長）第6章・記録
正木　卓（北海道地域農業研究所）第6章
長尾正克（元札幌大学）第6章
徐　允廷（ジョン＆ソ　コンサルティング）第7章
小林国之（北海道大学）第8章
小池晴伴（酪農学園大学）第8章
杉村泰彦（酪農学園大学）第8章
李　榮吉（江原発展研究院）第9章
池　敬培（江原発展研究院）第9章
金　庚亮（江原大学）第10章
姜　鍾原（江原発展研究院）第10章
朴　　紅（北海道大学）第11章
糸山健介（富良野市役所・北海道大学招聘教員）第11章
谷本一志（東海大学・北海道農業研究会長）終章

編者略歴

坂下明彦　北海道大学農学研究院教授
さかしたあきひこ　1954年、北海道三笠市生まれ。北海道大学大学院農学研究科単位取得後、同農学部助手、助教授を経て、2003年から現職。農学博士。主な著書に、『中農層形成の論理と形態—北海道型産業組合の形成基盤』（御茶の水書房、1992年）、『中国東北における家族経営の再生と農村組織化』（御茶の水書房、1999年）、『北海道農業の構造変動と地帯構成』（北大出版会、2006年、共著）、『地域農業の底力—農協の可能性を拓く支援システム』（北海道協同組合通信社、2009年）など。

李炳旿　韓国　江原大学農業資源経済学科教授
いびょんお　1953年、韓国全羅北道長水郡生まれ。韓国建国大学畜産学部卒業。帯広畜産大学大学院修士課程及び九州大学大学院博士課程修了。農学博士。東亜大学助教授を経て、1993年から現職。2009～2010年　韓国農業経済学会長。主な著書に、『貿易体制の変化と日韓畜産の未来』（農林統計出版、2010年、共著）、『東アジアにおける食を考える』（九州大学出版会、2010年、共著）、『北東アジアの食料安全保障と産業クラスター』（農林統計出版、2011年、共著）、『東アジアフードシステム圏の成立条件』（農林統計出版、2012年、共著）など。

日韓地域農業論への接近

2013年7月30日　第1版第1刷発行

編著者　坂下明彦・李炳旿
発行者　鶴見治彦
発行所　筑波書房
東京都新宿区神楽坂2－19 銀鈴会館
〒162－0825
電話03（3267）8599
郵便振替00150－3－39715
http://www.tsukuba-shobo.co.jp

定価はカバーに表示してあります

印刷／製本　平河工業社

ISBN978-4-8119-0425-2 C3033